Roman Weidemann

Analyse der mechanischen Randbedingungen zur Adaption der oszillierenden Hinterschneidtechnik an einen Mobilbagger

Analyse der mechanischen Randbedingungen zur
Adaption der oszillierenden Hinterschneidtechnik
an einen Mobilbagger

Karlsruher Schriftenreihe Fahrzeugsystemtechnik
Band 24

Herausgeber
FAST   Institut für Fahrzeugsystemtechnik
        Prof. Dr. rer. nat. Frank Gauterin
        Prof. Dr.-Ing. Marcus Geimer
        Prof. Dr.-Ing. Peter Gratzfeld
        Prof. Dr.-Ing. Frank Henning

Das Institut für Fahrzeugsystemtechnik besteht aus den eigen-
ständigen Lehrstühlen für Bahnsystemtechnik, Fahrzeugtechnik,
Leichtbautechnologie und Mobile Arbeitsmaschinen

Eine Übersicht über alle bisher in dieser Schriftenreihe erschienenen Bände
finden Sie am Ende des Buchs.

Analyse der mechanischen Randbedingungen zur Adaption der oszillierenden Hinterschneidtechnik an einen Mobilbagger

von
Roman Weidemann

Dissertation, Karlsruher Institut für Technologie (KIT)
Fakultät für Maschinenbau, 2014

Impressum

Scientific
Publishing

Karlsruher Institut für Technologie (KIT)
KIT Scientific Publishing
Straße am Forum 2
D-76131 Karlsruhe

KIT Scientific Publishing is a registered trademark of Karlsruhe
Institute of Technology. Reprint using the book cover is not allowed.

www.ksp.kit.edu

Print on Demand 2014

ISSN 1869-6058
ISBN 978-3-7315-0193-0
DOI: 10.5445/KSP/1000039462

Vorwort des Herausgebers

Die Katastrophe im Atomkraftwerk von Fukushima im Juni 2011 war Auslöser für die 13. Atomkraftnovelle, in der vorgeschrieben wird, dass alle deutschen Atomkraftwerke bis Ende 2022 vom Netz genommen werden müssen. Da die Atomkraftwerke langfristig vollständig rückgebaut werden müssen, kann zukünftig mit einer deutlichen Zunahme der Rückbauaktivitäten gerechnet werden.

Maschinen unterstützen und helfen dem Menschen bei körperlich anstrengenden Arbeiten und in für den Menschen gefährdeten Bereichen. Die Karlsruher Schriftenreihe Fahrzeugsystemtechnik erforscht die Entwicklung solcher Maschinen. Für die Fahrzeuggattungen Pkw, Nfz, Mobile Arbeitsmaschinen und Bahnfahrzeuge werden in der Schriftenreihe Forschungsarbeiten vorgestellt, die Fahrzeugtechnik auf vier Ebenen beleuchten: das Fahrzeug als komplexes mechatronisches System, die Fahrer-Fahrzeug-Interaktion, das Fahrzeug im Verkehr und Infrastruktur sowie das Fahrzeug in Gesellschaft und Umwelt.

Im Band 24 wird die Anbindung eines oszillierenden Hinterschneidwerkzeugs an ein Trägergerät systematisch untersucht. Neben einer Analyse der notwendigen Bruchkräfte werden die bei der Hinterschneidtechnik auftretenden Kräfte analysiert und mögliche Anbindungen an ein Trägergerät diskutiert.
Bei der gewählten Anbindung mittels angepresster Rahmenstruktur ist für eine sichere Kraftübertragung die Betrachtung der Reibverhältnisse zwischen Rahmenstruktur und Beton von großer Bedeutung. Herr Weidemann analysiert diese und zeigt, dass die Werkzeugkräfte der Hinterschneidtechnik mit angepresster Rahmenstruktur sicher übertragen werden können.

Karlsruhe, im März 2014   Prof. Dr.-Ing. Marcus Geimer

Analyse der mechanischen Randbedingungen zur Adaption der oszillierenden Hinterschneidtechnik an einen Mobilbagger

Zur Erlangung des akademischen Grades

Doktor der Ingenieurwissenschaften

der Fakultät für Maschinenbau

Karlsruher Institut für Technologie (KIT)

genehmigte

Dissertation

von

Dipl.-Ing. Roman Weidemann

Tag der mündlichen Prüfung: 10.03.2014

Hauptreferent: Prof. Dr.-Ing. Marcus Geimer

Korreferent: Prof. Dr.-Ing. Sascha Gentes

Kurzfassung

Bei der Sanierung und der Dekontamination von Betonstrukturen stellt die maßgenaue Ausarbeitung definierter Geometrien, wie beispielsweise von Nuten oder
Ausbrüchen, hohe Anforderungen an den Abtragprozess. Aktuell werden für
diese Aufgabe vorwiegend Hydraulikhämmer und Betonfräsen eingesetzt, die
jedoch Nachteile hinsichtlich der Abtraggenauigkeit, der Prozessautomatisierbarkeit und der erzeugten Oberflächenqualität aufweisen.

In den letzten Jahren wurden für den Hartgesteinabtrag im Rahmen von Tunnel-
und Bergbauanwendungen neue Verfahren entwickelt, die gute Abtragleistungen bei relativ geringen Prozesskräften ermöglichen. Eines dieser neuen Verfahren ist die oszillierende Hinterschneidtechnik, welche im Rahmen eines
Forschungsprojekts auch bereits für den gezielten Betonabtrag erprobt wurde.
Dabei hat dieses Verfahren einen sehr präzisen Materialabtrag und hervorragen-
de Schnittoberflächen bei vergleichsweise geringen Arbeitskräften ermöglicht.

Auf Grund der dynamischen Oszillationsbewegung stellt das Abtragverfahren
jedoch relativ hohe Anforderungen an die Systemsteifigkeit von Werkzeug und
Trägergerät. Diese Anforderungen werden im Rahmen dieser Arbeit analytisch
und numerisch untersucht und mit den Eigenschaften eines beispielhaften Trägergeräts verglichen. Abschließend wird auf Basis dieser Untersuchungen ein
mechanisches Adaptionskonzept zur Umsetzung der oszillierenden Hinterschneidtechnik in einem Baggeranbauwerkzeug und dessen Erprobung an einem
Prototyp vorgestellt.

Abstract

For the renovation or decontamination process of concrete structures, limited areas, like notches, have to be precisely removed leading to high requirements onto the removal process. Furthermore, the automation potential of the removal process is an important point. Today, mainly hydraulic hammers and concrete cutters are used which have disadvantages concerning removing precision, automatisation potential and surface quality.

In the context of tunneling and mining applications new hard rock removal processes have been developed in recent years showing good material removal rates at relatively low cutting forces. One of these innovations is the oscillating disc cutting process which has shown excellent results with regard to surface quality and removing precision.

Due to the highly dynamic oscillatory motion, the stiffness requirements to the tool structure and the basic machine have to be considered, which is the main purpose of this work. In a first step, these requirements will be analytically and numerically quantified and secondly compared with the properties of a sample basic machine. Based on these results, a concept of a mechanical adaption of the oscillating disc cutting process to an excavator attachment tool will be developed and tested on a prototype.

Vorwort

Die vorliegende Arbeit entstand während meiner Tätigkeit als wissenschaftlicher Mitarbeiter am Lehrstuhl für Mobile Arbeitsmaschinen (Mobima) des Instituts für Fahrzeugsystemtechnik (FAST) am Karlsruher Institut für Technologie (KIT).

Mein besonderer Dank gilt Herrn Prof. Dr.-Ing. Marcus Geimer, dem Leiter des Lehrstuhls für Mobile Arbeitsmaschinen, für die Übernahme des Hauptreferats, die fachlichen Diskussionen und Anregungen sowie die umfangreiche Unterstützung während meiner Zeit am Lehrstuhl.

Herrn Prof. Dr.-Ing. Sascha Gentes, dem Inhaber der Professur für Technologie und Management des Rückbaus kerntechnischer Anlagen am KIT, danke ich für die Übernahme des Korreferats, die Durchsicht meiner Arbeit und besonders für die Bereitstellung der Versuchsmaschine und des Versuchsgeländes.

Weiterhin danke ich Herrn Prof. Dr.-Ing. Dr. h. c. Albert Albers, dem Leiter des Instituts für Produktentwicklung am KIT, für die Übernahme des Prüfungsvorsitzes.

Meinen Kollegen und Studenten danke ich für die gute Zusammenarbeit, die konstruktiven Ratschläge und Denkanstöße. Im Besonderen möchte ich Steffen Reinhardt, Harald Schmid, Stefan Reichert und Uwe Reichert erwähnen, mit denen ich viele Stunden auf dem Versuchsgelände verbracht und unzählige Probleme gelöst habe.

Mein persönlicher Dank gilt meinen Eltern und Großeltern, die mich auf meinem bisherigen Lebensweg stets gefördert und tatkräftig unterstützt haben. Sowie meiner lieben Ehefrau die mich stets moralisch bestärkt und mir während dem Schreiben dieser Arbeit viel Verständnis und Geduld entgegengebracht hat.

Karlsruhe, im März 2014   Roman Weidemann

Inhaltsverzeichnis

Abkürzungen

FEM	Finite Elemente Methode
FFT	Fast Fourier-Transformation
OHT	Oszillierende Hinterschneidtechnik
ODC	Oscillating Disc Cutting
WFP	Wirkflächenpaar
LSS	Leitstützstruktur
BGV	Berufsgenossenschaftlichen Vorschriften für Arbeitssicherheit und Gesundheitsschutz

Symbole

$\overrightarrow{\dots}$	Vektorielle Größe
α	Freiwinkel
α	Werkzeuganstellwinkel
β	Keilwinkel
β, ψ, ε	Parameter der hyperbolischen Versagenskurve
γ	Spanwinkel
μ	Reibbeiwert
ξ, ρ, θ	Haigh-Westergaard-Koordinaten
σ	Normalspannung
φ_e	Exzenterwinkel beim OHT-Verfahren
A	Fläche
A_{Abt}	Abtragfläche
a_t	Zustelltiefe, Penetration
c_F	Federsteifigkeit
c_q	Quersteifigkeit im Reibkontakt
d	Dämpfung
d_{ODC}	Diskendurchmesser
e	Werkzeugexzentrizität
F	Kraft
$F_A\, F_S$	resultierende Abtragkraft

$F_{A,n}$	Abtragkraft in Normalenrichtung
$F_{A,q}$	Abtragkraft in Querrichtung
$F_{A,s}$	Abtragkraft in Schnittrichtung
$F_{A,h}$	horizontale Abtragkraft
$F_{A,s}$	Abtragkraft in Schnittrichtung
F_B	Anpresskraft durch den Bagger
F_c	Schnittkraft
f_a	Oszillationsfrequenz
f_{cm}	Druckfestigkeit
f_{ctm}	Zugfestigkeit
$f_{m,cube}$	mittlere Betondruckfestigkeit gemessen am Würfel [1]
F_N	Normalkraft
F_R	Reibkraft
f_z	Vorschubweg je Werkzeugoszillation
G_C	Bruchenergie bei Druckversagen
G_t	Bruchenergie bei Zugversagen
H	Nachgiebigkeitsmatrix
H_{ik}	Nachgiebigkeitskomponenten (i, k = x, y, z)
i_{nh}	Abtragkraftverhältnis
K_{ik}	Krafteinflusszahlen (i, k = x, y, z)
M	Moment
m	Masse
n_e	Drehzahl der OHT-Diske

P	Leistung
p	Druck
P_t	tangentialer Diskenberührpunkt
r	Radius
S	Sicherheitsfaktor
v	Geschwindigkeit
$V_{Abt,n}$	normiertes Abtragvolumen
v_f, v_{ft}	Vorschubgeschwindigkeit
x_{Abt}	Abtragweg
$x_{Abt,n}$	normierter Abtragweg
x_e	Werkzeugweg durch Diskenexzentrizität
x_M	Nachgiebigkeitsweg der Maschinenstruktur

1 Einleitung

Beim Rückbau und der Sanierung von Bauwerken müssen häufig Betonstrukturen selektiv abgetragen werden. Dabei bedarf es oft des Abtrags einer wenige Millimeter bis einige Zentimeter dicken Oberflächenschicht. Technisch anspruchsvoll ist aber vor allem das maßgenaue Ausarbeiten definierter Geometrien, wie beispielsweise Nuten oder Ausbrüche. Unter dem Gesichtspunkt des wachsenden Kostendrucks liegt der Fokus bei der Auswahl geeigneter Abtragverfahren meist auf einer hohen Abtragleistung und einem effizienten Arbeitsprozess. Unter schwierigen Einsatzbedingungen wie beengten Räumlichkeiten oder gesundheitsgefährdeten Umgebungen werden jedoch Faktoren wie die Prozessautomatisierbarkeit und verhältnismäßig geringe Prozesskräfte, die kompakte und flexible Werkzeuge ermöglichen, immer wichtiger.

1.1 Motivation

In den nächsten Jahren stellt insbesondere der Rückbau zahlreicher nukleartechnischer Anlagen eine Herausforderung dar. Nach den Maßgaben der 13. Atomgesetznovelle, die im Juni 2011 beschlossen wurde, müssen auch die letzten neun deutschen Kernkraftwerke bis spätestens Ende 2022 vom Netz. Eine der wichtigsten Aufgaben beim anschließenden Rückbau ist die Minimierung der endzulagernden Abfälle. Nur ein kleiner Teil der Gesamtmasse eines Kernkraftwerks ist während des Betriebs mit radioaktiven Stoffen in Berührung gekommen und der größte Teil kann soweit dekontaminiert werden, dass das Material in den konventionellen Recyclingkreislauf zurückgeführt werden kann (Abbildung 1.1). Geeignete Abbruch- bzw. Dekontaminationsverfahren können somit zu einer Minimierung des radioaktiv kontaminierten Abbruchmaterials beitragen.

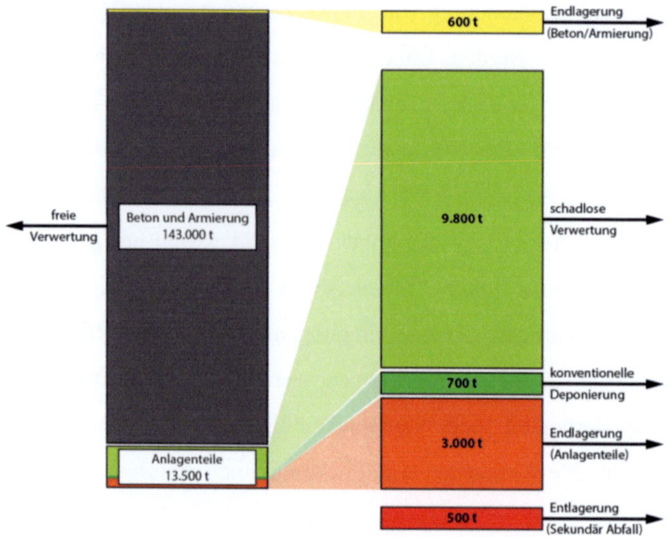

Abbildung 1.1: Bilanz des Abbruchmaterials eines Druckwasserreaktor-Referenzkraftwerks (nach [2])

Für den selektiven Abtrag von Beton werden aktuell vor allem Hydraulikhämmer und Betonfräsen eingesetzt (siehe auch Abschnitt 2.1). Hydraulikhämmer haben jedoch den Nachteil, dass der Materialabtrag relativ undefiniert stattfindet und somit maßgenaue Geometrien nur schwer ausgearbeitet werden können. Des Weiteren handelt es sich bei diesem Verfahren um einen diskontinuierlichen Prozess, der nur sehr schwer automatisierbar ist und sehr erfahrene Maschinenbediener benötigt. Einen wesentlichen Nachteil von Betonfräsen stellen die hohen Schnittkräfte [3] dar. Damit können diese Werkzeuge nur an verhältnismäßig großen Trägergeräten angebaut werden, was die Einsatzmöglichkeit in beengten Räumlichkeiten deutlich eingeschränkt.

Für den Hartgesteinsabtrag im Rahmen von Tunnel- und Bergbauanwendungen wurde in den letzten Jahren ein neues Abtragverfahren erforscht und weiterentwickelt. Die oszillierende Hinterschneidtechnik (siehe Abschnitt 2.2) liefert beim Abtrag von Hartgestein gute Schnittleistungen bei niedrigen Prozesskräften [4] und wurde im Rahmen eines Forschungsprojektes [5] auch erfolgreich für die Betonbearbeitung erprobt. Weiterhin erzeugt dieses Verfahren sehr ebene Oberflächen und lässt einen äußerst präzisen Materialabtrag zu.

1.2 Ziel der Arbeit und Vorgehensweise

Ziel der vorliegenden Arbeit ist eine mechanische Adaptionsanalyse der oszillierenden Hinterschneidtechnik (OHT) zur Konzeption eines Baggeranbaugeräts. Dieses Abtragverfahren bietet einerseits viele Vorteile, wie die relativ geringen Schnittkräfte und den präzisen Materialabtrag, stellt aber auf der anderen Seite auch relativ hohe mechanische Anforderungen an das Trägergerät, die sich auf Grund der Oszillationsbewegung ergeben.

In Kapitel 3 werden die Anforderungen des OHT-Verfahrens in Bezug auf die Struktursteifigkeit des Trägergeräts zunächst mit Hilfe analytischer und numerischer Modelle und auf Basis beispielhafter Schnittkraftverläufe quantifiziert. Anschließend wird in Kapitel 4 die Steifigkeit an der Anbauplatte eines Mobilbaggers, der als beispielhaftes Trägergerät für die Adaptionsanalyse dient, messtechnisch untersucht und analysiert. Auf Basis dieser Erkenntnisse wird in Kapitel 5 abschließend ein Konzept für ein Baggeranbaugerät auf Basis der OHT-Technik vorgestellt.

2 Stand der Wissenschaft und Technik

2.1 Baggeranbaugeräte für den Betonabtrag

Bagger wurden vor ca. 180 Jahren als Grab- und Ladewerkzeuge entwickelt und sind auch heute noch vorrangig für diese Aufgaben im Einsatz. Die Entwicklungsgeschichte der maschinellen Erdbewegung verfolgt [6] ein halbes Jahrtausend zurück und gibt Einblicke in die technischen Details und Veränderungen vom einfachen Werkzeug bis zum modernen Bagger.

Vor allem die Serieneinführung des Hydraulikbaggers vor 60 Jahren hat die Entwicklung vorangetrieben und vielfältige neue Einsatzgebiete erschlossen. Inzwischen sind unzählige Baggerarten und –versionen für die verschiedensten Aufgaben am Markt erhältlich, wobei Bauform und Einsatzgebiet einander nicht streng zugeordnet sind. Die technologischen Aspekte werden z.B. in [7, 8, 9] ausführlich beschrieben. Ausgehend von ihrem Arbeitsprinzip und der Bauform können Bagger in die Hauptgruppen der Stand-, der Fahr- und der Flachbagger untergliedert werden. Standbagger verrichten ihre Arbeitsaufgabe dabei unabhängig von der Fahrbewegung und werden häufig zum Lösen und Laden von Boden eingesetzt. Im Gegensatz dazu ist bei Fahrbaggern, wie z.B. Radladern oder Laderaupen, die Fahrbewegung Teil der Arbeitsbewegung. Diese Eigenschaft trifft auch auf Flachbagger zu. Weiterhin wird diese Gruppe jedoch durch die Arbeit über weite Distanzen charakterisiert und es fallen z.B. Planierraupen und Schürfkübelraupen darunter.

Eingefäßbagger werden als Seil- oder Hydraulikbagger ausgeführt und haben Eigenmassen von 0,5 bis zu 800 t. Die Grundlagen zum Aufbau und der Arbeitsweise dieser Bagger wird beispielsweise in [7, 10] näher erläutert. Maschinen mit Eigenmassen über 60 t werden dabei ausschließlich im Gewinnungsprozess (z.B. Tagebau) eingesetzt, während Bagger mit geringerem Einsatzgewicht oftmals als sogenannte Universalbagger angeboten werden, die mit einer Vielzahl unterschiedlicher Arbeitsgeräte ausgestattet werden können und häufig auf wechselnden Baustellen zum Einsatz kommen [7].

Tabelle 2.1: Anbauwerkzeuge für Hydraulikbagger

Lade- und Grabwerkzeuge

Löffel		Greifer	
Universallöffel	Ladeschaufel	Mehrzweckgreifer	Holzgreifer
Tieflöffel	Sieblöffel	Rundschalengreifer	Rohrklammer
Gesteinslöffel	Löffel/Auswerfer	Grabgreifer	Steinstapelzange
Grabenprofillöffel	Verbaulöffel	Mehrschalengreifer	Zweischalengreifer
Drainagelöffel			

Abbruchwerkzeuge

Fräsen und Sägen		Brechen und Schneiden	
Betonfräse		Multifunktionszange	Holzspalter
Asphaltfräse		Pulverisierer	Roderechen
Grabenfräse		Schrottschere	Freifallbär
Beton-/Asphaltsäge		Hydraulikhammer	Betonzange
Felssäge		Aufreißzahn	Brecherlöffel

Sonstige Werkzeuge

Rammen und Verdichten	Forstarbeiten	Sonstige	
Vibrationsverdichter	Baumschere	Bohrantrieb	Lasthebemagnet
Rammbär	Forstmulcher	Betonmischer	Hubarbeitsbühne
Vibrationsrammbär	Baumstumpffräse	Kabelpflug	Betonspritzmast
	Greifsäge	Lasthaken	Kehrmaschine
		Rührer	Mähwerk

In Abschnitt 4.1 wird der Aufbau eines solchen Universalbaggers am Beispiel eines hydraulischen Mobilbaggers vorgestellt und Tabelle 2.1 gibt auf Basis von

[7, 11, 12, 13, 14] einen Überblick über die Vielzahl der erhältlichen Anbauwerkzeuge.

Unter den aufgezählten Abbruchwerkzeugen sind vor allem Hydraulikhämmer, Abbruchzagen und Betonfräsen speziell für den Betonabbruch ausgelegt. Diese Werkzeuge sind vielfach im Einsatz und haben sich in der Praxis bewährt, haben aber auch Nachteile vor allem hinsichtlich eines präzisen Materialabtrags und der Automatisierbarkeit der Arbeitsprozesse. Basierend aus den ausführlichen Erläuterungen in [3] werden die Betonabtragwerkzeuge im Folgenden kurz erläutert.

Hydraulikhammer

Ein Hydraulikhammer besteht aus Schlagwerk, Gehäuse und Einsteckmeißel und bewirkt die Zerstörung von Bauteilen durch die Einleitung von Schlagenergie. Das Hydrauliksystem des Baggers versorgt das sich im Hammergehäuse befindliche Schlagwerk mit der notwendigen Leistung und ein Schlagkolben überträgt die durch den Kolbenhub erzeugte Schlagenergie auf den Meißel, welcher durch Buchsen geführt wird und die Schlagimpulse in das Bauteil einleitet. Das Gehäuse hat insbesondere auch die Aufgabe Lärm und Vibrationen zu dämpfen. Genauere Informationen zu Funktionsweise, Aufbau und die technischen Details von Hydraulikhämmern werden beispielsweise in [3, 15, 16] erläutert.

Die Größe und Leistungsfähigkeit eines Hydraulikhammers wird maßgeblich durch die Größenklasse des Baggers und die zur Verfügung stehende Hydraulikleistung definiert. Der Arbeitsprozess und das Leistungsvermögen wird beispielsweise in [17, 18] näher untersucht und grundsätzlich gilt, dass hohe

Schlagzahlen und geringe Schlagenergien für weiche Materialien, hohe Schlagenergie und geringe Schlagzahlen dagegen für hartes Material angewendet werden.

Die Vorteile des Hydraulikhammers sind, dass dieser keine speziellen Anforderungen an das Trägergerät stellt. Zur Leistungsversorgung wird lediglich eine Einkreishydraulik benötigt und somit ist eine Adaption an fast alle Baggervarianten möglich. Hydraulikhämmer sind universell für den Abbruch verschiedenster Materialien einsetzbar und für den Dauereinsatz ausgelegt. Für den räumlich eng definierten Betonabtrag, wie z.B. bei der Dekontamination oder Sanierung von Bauwerken erforderlich, ist dieses Verfahren nicht geeignet. Die ins Material eingeleitet Schlagenergie führt meist zur Bildung relativ großer Bruchstücke, so dass das genaue Einhalten einer festgelegten Abtragtiefe oder z.B. die Ausarbeitung einer geometrisch definierten Nut nur schwer möglich ist. Weiterhin führt die hohe Schlagenergie von bis zu 18,9 kJ [11], bei Hydraulikhämmern für Bagger zwischen 80 und 140 t Eigengewicht, zu einer hohen mechanischen Belastung der Umgebungsstruktur und auf Grund des diskontinuierlichen Arbeitsprozesses ist eine Automatisierung des Abtragvorgangs nur sehr schwer möglich.

Abbruchzangen

Abbruchzangen sind neben den Abbruchhämmern die heute am meisten eingesetzten Abbruchwerkzeuge. Sie sind Multifunktionswerkzeuge, sie brechen das Materialgefüge, trennen es von der Bauwerksstruktur (schneiden Bewehrungsstahl) und zerkleinern Baustoffe der unterschiedlichsten Materialarten. Den Abbruchzangen liegt das Prinzip einer Kombizange zugrunde. Die Zangenarme übertragen die hydraulische Kraft auf Brechbacken und deren mechanischer Druck zerstört die innere Struktur des Abbruchmaterials.

Nach ihrer Aktorik können Abbruchzangen in mechanische und hydraulische Zangen unterteilt werden. Bei mechanischen Abbruchzangen wird die Brechkraft vom Löffelzylinder des Baggers erzeugt. Trotz ihrer sehr robusten und haltbaren Konstruktion werden mechanische Abbruchzangen heute nur noch selten eingesetzt, da ihre Brechkräfte relativ gering und die Positionierung aufwendig ist. Mechanische Abbruchzangen haben ein Einsatzgewicht zwischen 1 und 5 t und sind für Trägergeräte zwischen 10 und 60 t konzeptioniert. Dabei erzeugen sie Brechkräfte von 600 bis 1.500 kN.

Den Stand der Technik stellen heute hydraulische Abbruchzangen dar. Bei diesen Werkzeugen wird die Brechkraft mit Hilfe eines oder mehrerer integrierter Hydraulikzylinder erzeugt und sie sind als frei drehende oder hydraulisch drehende Variante am Markt erhältlich. Mit Einsatzgewichten von 1 bis 6 t und Brechkräften bis zu 5.000 kN sind diese Zangen für Bagger mit einem Dienstgewicht von 10 bis 80 t ausgelegt.

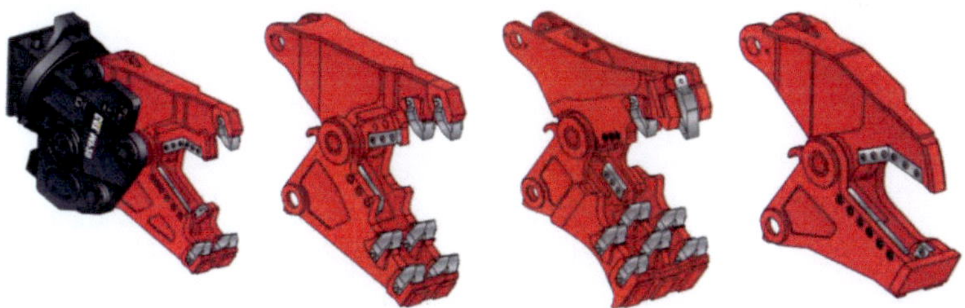

Abbildung 2.1: Abbruchzangen (v. l.: Kombibacken mit Grundgerät, Beton-, Pulverisier- und Schrottbacken) [3]

Ein großer Vorteil der Abbruchzangen ist, dass diese mit unterschiedlichen Scherbackensätzen ausgerüstet werden können (Abbildung 2.1). Damit kann das

Werkzeug optimal an die Arbeitsaufgabe angepasst werden und sowohl Stahl, Beton als auch Stahlbeton abbrechen. Weiterhin bewirken Abbruchzangen eine geringe Lärm- und Staubentwicklung und erzeugen gegenüber einem Hydraulikhammer deutlich weniger Vibrationsbelastungen der Umgebungsstruktur.

Trotz der vielen Vorteile von Abbruchzangen sind diese für einen gezielten Betonabtrag im Rahmen von Dekontaminations- und Sanierungsarbeiten nur begrenzt einsetzbar, da beispielsweise das Ausarbeiten von Nuten oder ein Oberflächenabtrag auf Grund des Arbeitsprinzips nicht vorgesehen ist.

Betonfräsen

Für das Ausarbeiten definierter Geometrien in massiven Betonstrukturen wie beispielsweise Nuten und Ausbrüchen oder dem schichtenweisen Materialabtrag finden heute oftmals Betonfräsen Anwendung.

Die Frästechnik wurde für Anwendungen unter Tage entwickelt und für den Abbruch wegen der Forderungen nach lärm- und erschütterungsarmen Verfahren entsprechend modifiziert und weiterentwickelt. Bei Betonfräsen treiben Hydraulikmotoren über eine spezielle Antriebseinheit den auf einer Antriebsachse befindlichen Fräskopf an. Die Fräsköpfe mit Meißelhaltern und Rundschaftmeißeln können als Quer- oder Längsfräskopf ausgebildet sein und eine drehbare Anbaukonsole ermöglicht die genaue Positionierung am abzubrechenden Bauteil.

Betonfräsen weisen ein Einsatzgewicht von 500 bis 5.000 kg auf und sind für Bagger zwischen 7 und 60 t geeignet. Der Vorteil dieser Werkzeugart ist die Möglichkeit im selektiven Abbruch Geometrie und Oberflächen relativ definiert abzutragen und im Vergleich zu Hydraulikhämmern wirken auf die Umgebungsstruktur deutlich geringere Belastungen. Dabei entstehen jedoch Fräskräfte zwischen 25 und 110 kN, wodurch der Einsatz an leichten und flexiblen Trägergräten, z.B. für Arbeiten in beengten Räumlichkeiten, deutlich eingeschränkt wird.

2.2 Betonabtrag mittels angeregter Hinterschneidtechnik

Unter dem wachsenden Druck der Kostenreduktion und der Forderung nach besseren Arbeitsbedingungen hat sich der maschinelle Gesteinsabtrag im Tunnel- und Bergbau in den letzten Jahrzehnten immer weiter durchgesetzt. Dies liegt vor allem auch an der guten Automatisierbarkeit dieser Abbauverfahren. Während der maschinelle Abtrag von Weichgestein (Kohle, Salz, Sandstein etc.) bereits viele Jahre etabliert ist, wurden für den Abtrag von Hartgestein in den letzten Jahren viele neue Ansätze entwickelt. Diese werden aktuell immer noch weiterentwickelt und detailliert analysiert.

Ähnliche Anforderungen wie der maschinelle Abtrag von Hartgestein stellt aber auch der maschinelle und gezielte Abtrag von Betonstrukturen dar. Dies ist beispielsweise bei der Sanierung oder Dekontamination von Bauwerken immer häufiger erforderlich und die herkömmlichen Abtragverfahren mit Hilfe von Hydraulikhämmern oder Schrämwalzen können nur schwer automatisiert werden. Da Hartgestein und Beton ein ähnliches Materialverhalten und ähnliche Werkstoffparameter aufweisen, erscheint es sinnvoll, Entwicklungen aus dem Gebiet des Hartgesteinabtrags auf den Betonabtrag zu übertragen und so neuartige Betonabtraggeräte zu entwickeln.

Insbesondere mit Hilfe des oszillierenden Hinterschneidverfahrens wurden bereits Abtragversuche von Beton durchgeführt, mit dem Ziel, diese Technik an ein Baggeranbaugerät zu adaptieren [5]. Der folgende Abschnitt gibt einen kurzen Überblick über die technischen Grundlagen, aktuelle Entwicklungen und die Vorteile des neuen Verfahrens auf dem Gebiet des Hartgesteinsabtrags, mit Blick auf die Anwendung dieser Verfahren für die Betonbearbeitung.

2.2.1 Grundlagen zum Abtrag spröd-elastischer Werkstoffe

Das Grundprinzip beim Abtrag spröder Werkstoffe ist es, die interkristallinen Bindungen zu zerstören, was ein Zerfallen des Materials zur Folge hat. Dies kann durch verschiedene Methoden erreicht werden, beispielsweise durch Überschreiten der Materialfestigkeitswerte mit Hilfe mechanischer Werkzeuge oder der dynamischen Anregung einer Materialeigenfrequenz durch einen gepulsten Laser. Weiterhin können mittels Mikrowellentechnik thermische Spannungen durch induzierte Wärme erzeugt werden, das Material z.B. durch einen Hochdruckwasserstrahl erodiert oder mit Hilfe eines Lasers aufgeschmolzen werden [19].

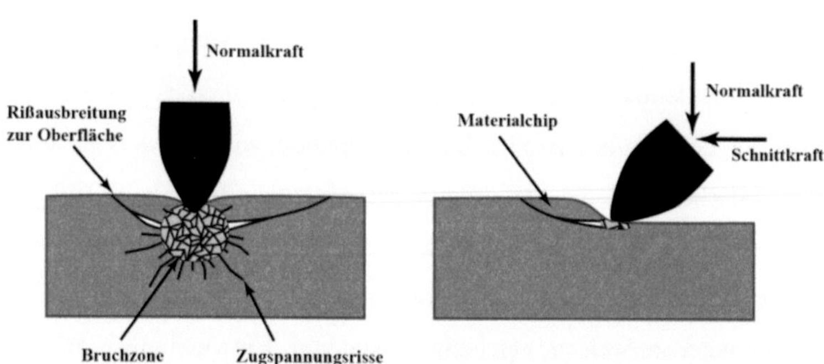

Abbildung 2.2: Vergleich des Abtragprinzips von klassischem und Hinterschneidverfahren (nach [20])

Von diesen Methoden wurden vor allem der mechanische Abtrag und die Materialerosion mittels Hochdruckwasserstrahlen [21] erfolgreich umgesetzt und sind am Markt erhältlich. Der mechanische Abtrag spröd-elastischer Materialien basiert dabei auf der Einleitung von Spannungen in den Werkstoff, die die Festigkeit des Materials überschreiten und so zu einer Rissbildung und schließlich zum Abplatzen von Chips führen. Grundsätzlich können die Abtragwerkzeuge dabei nach zwei verschiedenen Abtragprinzipien unterschieden werden (Abbildung 2.2).

Klassische Meißel zerstören den Werkstoff indem sie senkrecht auf die Arbeitsoberfläche gepresst werden. Dadurch bilden sich unter dem Werkzeug eine Bruchzone und Spannungsrisse. Ist die Anpresskraft ausreichend groß, setzten sich einige Risse zur Oberfläche fort und führen so zur Chipbildung. Im Gegensatz dazu wird ein Hinterschneidwerkzeug parallel zur Oberfläche bewegt und die Hauptkraftrichtung zeigt bei einer scharfen Schneide in die Bewegungsrichtung (Schnittkraft). Bei diesem Verfahren werden so auf relativ direktem Weg Zugspannungen im abzutragenden Material erzeugt. Dabei ist zu beachten, dass das Kräfteverhältnis zwischen Schneid- und Normalkraft mit zunehmendem Werkzeugverschleiß schnell abnimmt. [22, 23, 24]

Die meisten Hartgesteine wie auch Beton weisen bei Umgebungsdruck und Umgebungstemperatur ein spröd-elastisches Materialverhalten auf. Das bedeutet, dass die Widerstandskraft des Materials gegenüber Druckspannungen deutlich höher als gegenüber Zugspannungen ist. Das Material ist somit am widerstandsfähigsten, wenn es auf Druck beansprucht wird, genau wie dies bei klassischen Meißeln der Fall ist. Das führt zu dem Schluss, dass Hinterschneidwerkzeuge deutlich effizienter arbeiten und geringere Arbeitskräfte benötigen [24, 25]. Ihr Nachteil ist jedoch die deutlich höhere Verschleißempfindlichkeit.

2.2.2 Werkzeugverschleiß

Nach [26] können vier Verschleißformen unterschieden werden: adhäsiver, abrasiver und korrosiver Verschleiß sowie Verschleiß durch Oberflächenzerrüttung. Bei der Bearbeitung von Hartgestein und Beton verursacht abrasiver Verschleiß die größte Werkzeugabnutzung [24, 25]. Dieser tritt bei einer Relativbewegung zwischen einer harten, rauen und einer weicheren Oberfläche auf und kommt zu Stande, da harte Teilchen in die Randschicht des weicheren Reibungspartners eindringen und zu Ritzungen bzw. Mikrozerspanungen führen.

Prinzipiell sollte dies bei der mechanischen Bearbeitung von Gestein und Beton kein Problem darstellen, da übliche Werkzeugwerkstoffe wie z.B. gehärteter Stahl, Wolframcarbid oder Diamant bei Raumtemperatur eine höhere Härte als die abzutragenden Materialien aufweisen. In der Praxis stellt der abrasive Verschleiß auf Grund der thermischen Entfestigung des Schneidenmaterials aber die Hauptverschleißart dar. Nach [4] wird bei jedem mechanischen Gestein- oder Betonabtragverfahren nur ein sehr kleiner Teil, typischerweise weniger als ein Prozent, der Prozessenergie tatsächlich zur Schaffung neuer Bruchflächen genutzt. Der größte Teil der restlichen Verlustenergie wird durch Reibung zwischen Werkzeug und Abtragfläche in Wärme gewandelt. Dabei kann die am Werkzeug umgesetzte Leistung (P) als das Produkt aus der Kraft in Schnittrichtung an der Schneide (F_c) und der Werkzeuggeschwindigkeit (v) berechnet werden.

$$P = F_c * v \qquad (2.1)$$

Die Reibungswärme wird dabei sowohl in das Werkzeug als auch in das Abtragmaterial abgeleitet, wobei die thermische Leitfähigkeit des Werkzeugs meist deutlich höher als die der abgetragenen Stoffe ist und somit das Werkzeug den größten Teil der Wärme aufnimmt. Dies kann eine Erhöhung der Schneidentemperatur um mehrere Hundert bis hin zu 1000 Grad Celsius zur Folge haben [27]. Aus diesem Grund bewegt sich häufig die heiße Schneide über relativ kaltes Material und ab einem kritischen Wert von typischerweise 400 bis 500 °C Schneidentemperatur übersteigt die Härte der Gesteins- oder Betonpartikel die Härte der Werkzeuge was zu übermäßigem Verschleiß führt.

Dieses Phänomen schränkt vor allem den Einsatz von Schrämmmeißeln ein, da beim Arbeitsprozess ständig die gleiche Werkzeugfläche im Eingriff ist und die Reibung so zu einer starken Erwärmung des Werkzeugs führt. Aus Gleichung (2.1) ist ersichtlich, dass für eine Verbesserung des Verschleißverhaltens die Schnittgeschwindigkeit oder die Schnittkraft reduziert werden muss. Um bei schwierigen Abtragbedingungen, das heißt bei festen und abrasiven Gesteinsarten, den Verschleiß gering zu halten und trotzdem eine akzeptable Abtragleistung zu erreichen, muss somit die Schnittgeschwindigkeit reduziert und die Abtragtiefe erhöht werden [20]. Außerdem bieten bei diesem Problem Schneiddisken einen erheblichen Vorteil, da durch das Abrollen auf dem Material weniger Reibungswärme erzeugt wird und diese sich außerdem auf den gesamten Diskenumfang verteilt. Untersuchungen haben aber gezeigt, dass selbst Schneiddisken auf Grund thermischer Einflüsse versagen können [28].

2.2.3 Hinterschneidverfahren mit Schneiddisken

Das Abtragverfahren der Hinterschneidung mittels Schneiddisken vereint die verhältnismäßig geringen Prozesskräfte des Hinterschneidverfahrens mit den

Verschleißvorteilen von Rollmeißeln. Dabei werden modifizierte Schneiddisken eingesetzt, um den abzutragenden Werkstoff auf ähnliche Weise wie beim Schrämmen zu bearbeiten (Abbildung 2.3).

Somit werden auf sehr direktem Weg Zugspannungen im Material erzeugt und das Verfahren ist effizienter und benötigt geringere Arbeitskräfte als das herkömmliche Abtragverfahren mit Druck-Rollmeißel.

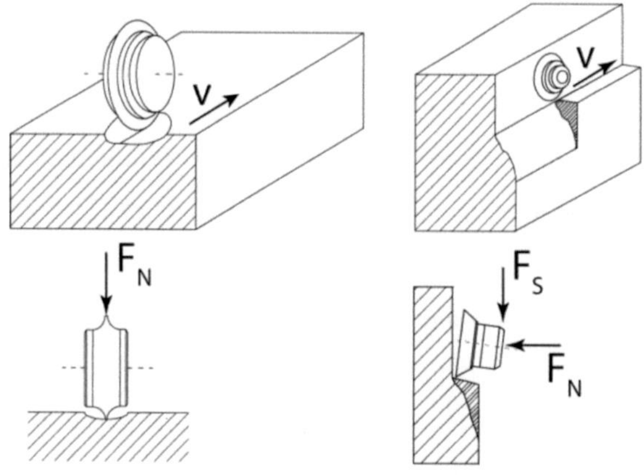

Abbildung 2.3: Vergleich konventioneller Rollmeißel (links) und Hinterschneiddisken (rechts) (Abbildung nach [20])

Die deutlich geringeren Prozesskräfte konnten am Forschungslabor der Firma CRC Mining durch zahlreiche Versuche auch in der Praxis bestätig werden. Tabelle 2.2 zeigt beispielsweise einen Schnittkraftvergleich bei der Ausarbeitung einer 10 mm tiefen Nut, mit einem Diskendurchmesser von 50 mm. Bei diesem Versuch wurde Sandstein mit einer Festigkeit von 36 MPa abgetragen und es hat sich gezeigt, dass sowohl die Normal- (F_N) als auch die Schnittkraft (F_S) ungefähr um den Faktor 2,5 geringer gegenüber dem konventionellen Verfahren sind [20]. Außerdem wurde bestätigt, dass die Kräfte im Schneidkontakt eine Rotation der drehbar gelagerten Schneiddiske bewirken, wodurch der Wärmeeintrag auf den Diskenumfang verteilt und die Verschleißbelastung verringert wird.

Tabelle 2.2: Vergleich der Schnittkräfte zwischen konventionellem und Hinterschneidverfahren [20]

	konventionelle Diske	Hinterschneid-diske
Normalkraft, F_N [kN]:	18	6,8
Schnittkraft, F_S [kN]:	4,5	1,8

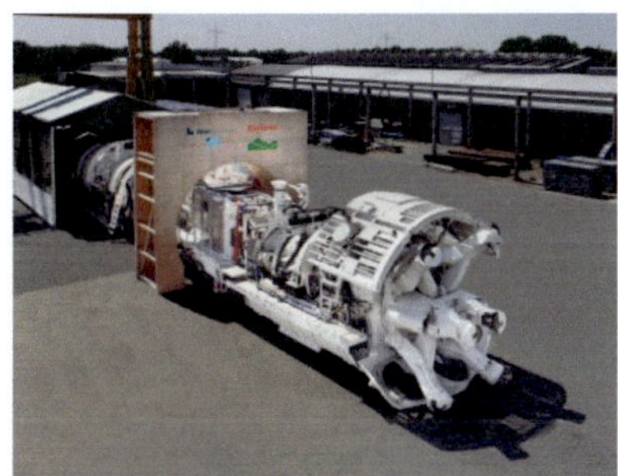

Abbildung 2.4: Aker Wirth Mobile Tunnel Miner mit Hinterschneidtechnologie [29]

Inzwischen wurde die Hinterschneidtechnik mittels Schneiddisken auch an Abtragmaschinen adaptiert und unter realen Bedingungen erfolgreich getestet. So entwickelt z.B. die Firma Aker Wirth seit den späten 1980er Jahren eine auf der Hinterschneidtechnik basierende Tunnelbohrmaschine und konnte auf der Bauma 2013 den Mobile Tunnel Miner 6 (Abbildung 2.4) präsentieren, der in der Lage ist, Hartgestein bis zu einer Festigkeit von 300 MPa zu bearbeiten [29].

2.2.4   Das oszillierende Hinterschneidverfahren

Eine Weiterentwicklung des Hinterschneidverfahrens stellt die in den vergangen Jahren entwickelte Überlagerung der konventionellen Diskenbewegung mit einer Oszillation dar. Der Vorteil dieser Werkzeuganregung besteht darin, dass durch die zyklischen Impulsbelastungen Ermüdungsrisse im Abtragmaterial erzeugt werden können und der Fels bzw. Beton somit geschwächt wird.

Einer der Ersten, der den potenziellen Vorteil einer zyklisch angeregten Hinterschneiddiske erkannte, war der deutsche Arbeiter Ulrich Bechem. Er patentierte 1988 einen Mechanismus zur „Aktivierung" eines Rundmeißels. Anschließend hat Ulrich Bechem in Zusammenarbeit mit verschiedenen Firmen versucht, diesen Ansatz in eine marktreife Abtragmaschine zu implementieren. Bei Tests und ersten Abtragversuchen haben sich aber vor allem zwei Probleme herausgestellt. Einerseits war der Verschleiß der Schneiddisken zu groß und andererseits fiel der Aktivierungsmechanismus häufig aus, was vor allem auf das verbaute Getriebe zurückzuführen war [20].

Unabhängig von dem aktivierten Hinterschneidverfahren wurde schon 1970 von David Sugden das sogenannte Oscillating Disc Cutting (ODC) Verfahren entwickelt (Abbildung 2.5).

Dieses beruht auf dem gleichen Prinzip der oszillierenden Hinterschneidtechnik, weist aber einige Vorteile gegenüber der von Ulrich Bechem entwickelten Aktivierung auf. Vor allem ist der Anregemechanismus deutlich einfacher und robuster aufgebaut und benötigt kein Getriebe. Zusätzlich werden die Reaktionskräfte auf die Antriebseinheit mit Hilfe einer Trägheitsmasse zwischen Schneiddiske und Antrieb gedämpft und während des Abtragprozesses werden Hochdruckwasserstrahlen direkt auf die Abtragzone gerichtet. Diese bewirken einerseits eine weitere Reduzierung der Schnittkräfte und kühlen außerdem die Schneiddiske [4]. Eine ausführliche Beschreibung dieses Verfahrens ist z.B. in [30, 31] zu finden.

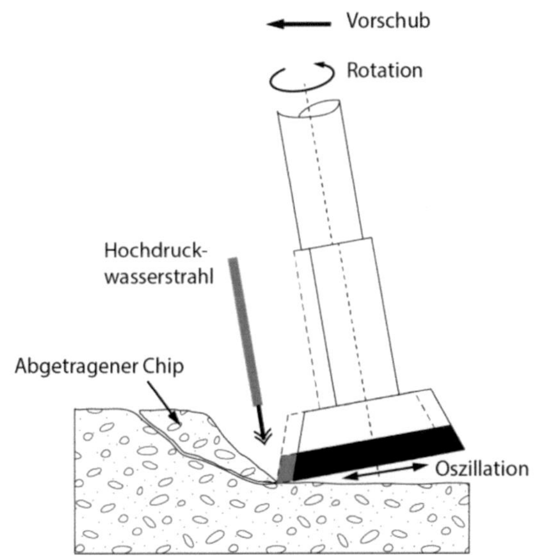

Abbildung 2.5: Prinzipskizze des Oscillating Disc Cutting Verfahrens

Weiterhin konnten in [20] anhand von Abtragsversuchen die, gegenüber der nicht oszillierenden Hinterschneidtechnik, vergleichsweise geringen Prozessskräfte dieses Verfahrens bestätigt werden. Tabelle 2.3 zeigt die Zusammenfassung der Testergebnisse, bei welchen die Normal- und Schnittkräfte von herkömmlichen Abtragverfahren mit denen des ODC-Verfahrens bei einer Anregungsfrequenz von 35 Hz verglichen werden.

Es ist deutlich zu erkennen, dass durch die Anregung sowohl die Normal- als auch die Vorschubkräfte gegenüber dem Hinterschneidverfahren noch einmal deutlich reduziert sind.

Tabelle 2.3: Vergleich der Schnittkräfte zwischen konventionellem Verfahren, Hinterschneid- und ODC-Verfahren [20]

	Konventionelle Diske	Hinterschneid-diske	ODC 35 Hz
Normalkraft [kN]:	18	6,8	1,8
Schnittkraft [kN]:	4,5	1,8	1,2

Auch die Firma CRC Mining hat die Reduzierung der Reaktionskräfte durch das ODC-Verfahren in umfangreichen Versuchsreihen untersucht [4]. Dazu wurden die Effekte der Hinterschneidtechnik, der überlagerten Oszillationsbewegung und der Hochdruckwasserstrahlen getrennt analysiert. Der Vergleich zwischen konventionellen Rollmeißeln und dem Abtrag mittels Hinterschneiddisken hat bei diesen Versuchen eine Abnahme der Normalkraft von bis zu 83 % ergeben. Da die Normalkraft von der Abtragmaschine aufgebracht werden muss, um die geforderte Schnitttiefe zu halten, wirkt sich dies direkt auf die benötigte Maschinenmasse aus.

Im nächsten Schritt wurden die Auswirkungen der Oszillationsbewegung untersucht. Im Vergleich einer konventionellen Hinterschneiddiske und einer Schneiddiske mit einer überlagerten Oszillation von 45 Hz konnte hauptsächlich eine Abnahme der Schnittkraft ermittelt werden. Bei Versuchen in Marmor mit einer Gesteinsfestigkeit von 85 MPa konnte z.B. eine Abnahme um ca. 75 % gemessen werden. Wie in Abschnitt 2.2.2 erläutert, wirkt sich dies besonders günstig auf den Werkzeugverschleiß aus, da die erzeugte Reibungswärme verringert wird.

In [25] wurden die Auswirkungen der Hochdruckwasserstrahlen untersucht. Dabei konnten vor allem zwei positive Auswirkungen festgestellt werden. Einerseits nahm der Werkzeugverschleiß mit steigendem Wasserdruck der Strahlen deutlich ab und andererseits konnte hauptsächlich bei harten Gesteinsarten eine Reduktion der Reaktionskräfte gemessen werden. Diese Effekte sind hauptsächlich auf den kontinuierlichen Abtransport des Abraums aus der Schneidzone zurückzuführen und werden durch die direkte Kühlwirkung auf das Werkzeug unterstützt.

Nach diesen vielversprechenden Testergebnissen wurde die ODC-Technik an verschiedene Abtraggeräte adaptiert und wird aktuell an Prototypen getestet. Unter anderem testet CRC Mining das Verfahren in einem Steinbruch und für verschiedene Bergbauanwendungen [20]. Weiterhin wurde im Rahmen des Forschungsprojekts [5] ein auf dem ODC-Verfahren basierender Prozess für den gezielten Abtrag von Beton untersucht. Dabei wurde jedoch auf den Einsatz der Hochdruckwasserstrahlen verzichtet und im weiteren Verlauf soll dieser Prozess als oszillierende Hinterschneidtechnik (OHT) bezeichnet werden.

2.3 Numerische Modellierung von Beton

Mit Hilfe effizienter Finite-Element-Ansätze und stetig zunehmender Leistungsfähigkeit der Rechensysteme wird es möglich, Nachweise von Standsicherheit und Gebrauchstauglichkeit durch Simulationsmodelle zu führen. Durch geeignete mathematische Modelle zur numerischen Simulation des Materialverhaltens sind aber auch virtuelle Analysen von Versagens- und Abtragprozessen möglich. Im folgenden Abschnitt werden das Materialverhalten und die Werkstoffeigenschaften von Beton kurz erläutert und Ansätze zur numerischen Modellierung vorgestellt. Die Beschreibung orientiert sich dabei an [32, 33, 34].

Für eine ausführliche Erläuterung der theoretischen Aspekte und aktueller Forschungsergebnisse werden auf die umfangreiche Fachliteratur und vielfältige Veröffentlichungen, wie beispielsweise [35, 36] und [37, 38, 36, 39, 40, 41] verwiesen.

Beton setzt sich aus zwei Phasen zusammen, der Zementmatrix und dem Betonzuschlagstoff. Die beiden Phasen unterscheiden sich deutlich in ihrer Struktur sowie in ihren Festigkeits- und Verformungseigenschaften. Dieser Sachverhalt führt sowohl makroskopisch als auch auf Ebene der Mikrostruktur zu einem heterogenen Material. Außerdem wird der Versagensprozess durch Gefügeunregelmäßigkeiten, wie zum Beispiel Mikroporen, Luft- und Wassereinschlüsse und Schwindrisse, die bereits im Herstellungszustand vorhanden sind, beeinflusst. Diese speziellen Eigenschaften führen zu Modellierungsansätzen unterschiedlicher Abbildungstiefe, die sich nach [42] beispielsweise in die Mikro-, Meso- und Makroskala einteilen lassen (Abbildung 2.6).

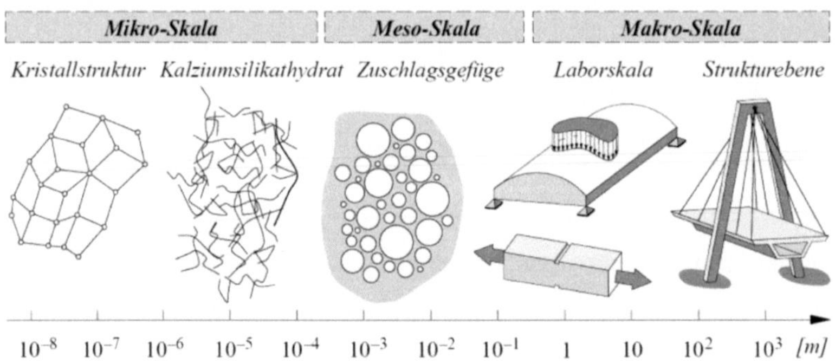

Abbildung 2.6: Skalen des Betonverhaltens [42]

Auf Grund der Rechenzeiten und des Implementierungsaufwands finden Simulationen des Tragverhaltens und der Versagensmodi derzeit mit Materialmodellen auf Makroebene statt. Dabei wird das nichtlineare Betonverhalten, durch Verändern der Materialkenngrößen, phänomenologisch abgebildet. Das heterogene Gefüge wird somit mit Hilfe einer homogenen Materialbeschreibung mit nichtlinearen, isotropen Eigenschaften approximiert. Die meso- oder mikroskopische Erfassung der einzelnen Betonbestandteile bietet sich infolge des hohen Diskretisierungs- und Berechnungsaufwandes ausschließlich für die Untersuchung einzelner Detailpunkte an. Mesoskopische Ansätze kommen unter anderem bei [43, 44] zur Anwendung und [45] führt beispielsweise eine Beschreibung auf mikroskopischer Skala ein.

2.3.1 Materialverhalten und Werkstoffeigenschaften

Das Betonverhalten hängt im Makroskopischen neben dem nichtlinearen Zusammenhang von Spannungen und Dehnungen auch vom Rissfortschrittsverhalten und dem Belastungsbild ab. So weist beispielsweise eine dreiaxial beanspruchte Struktur ein gänzlich anderes Bruchverhalten auf als unter einaxialer Belastung. Zur folgenden Beschreibung des mechanischen Verhaltens von Beton werden die Abschnitte deshalb entsprechend den experimentellen Materialanalysen in einaxiales, biaxiales und triaxiales Verhalten gegliedert. Eine detaillierte Zusammenfassung der mechanischen Grundlagen und weiterführenden Literaturhinweisen ist außerdem in [32] zu finden.

Einaxiales Verhalten

Der Werkstoff Beton weist ein anisotropes Verhalten auf, da sich auf Grund der speziellen Versagensmechanismen deutlich unterschiedliche Verhaltensweisen im Zug- und Druckbereich ausbilden.

Unter **Druckbeanspruchung** verhält sich der Betonwerkstoff zunächst linear-elastisch bis bei ca. 40 % der Betondruckfestigkeit (f_{cm}) die bereits vorhandenen Mikrorisse in der Kontaktfläche beginnen parallel zur Belastungsrichtung zu wachsen (Abbildung 2.7 (Punkt A)). Mit wachsender Belastung breiten sich die Mikrorisse durch die Zementmatrix und entlang von Grenzschichten zwischen Matrix und Zuschlagsstoffen aus. Erreicht die Belastung ca. 80 % der Druckfestigkeit vereinigen sich die Mikrorisse zu Makrorissen und führen auf Grund instabilen Risswachstums zu einem degressiven Verlauf der Spannungs-Dehnungs-Kennlinie im Vorbruchbereich (Abbildung 2.7 (Punkt B)). Sobald die Risse in einem lokalen Bereich bis zu einer kritischen Länge gewachsen sind, ist die Druckfestigkeit erreicht (Abbildung 2.7 (Punkt C)). An diesem Punkt beginnt der entfestigende Bereich des Spannungs-Dehnungs-Diagramms. Während bei spannungsgesteuerten Versuchen die Struktur an diesem Punkt schlagartig versagt, kann in dehnungsgesteuerten auch der entfestigende Diagrammbereich durchlaufen werden.

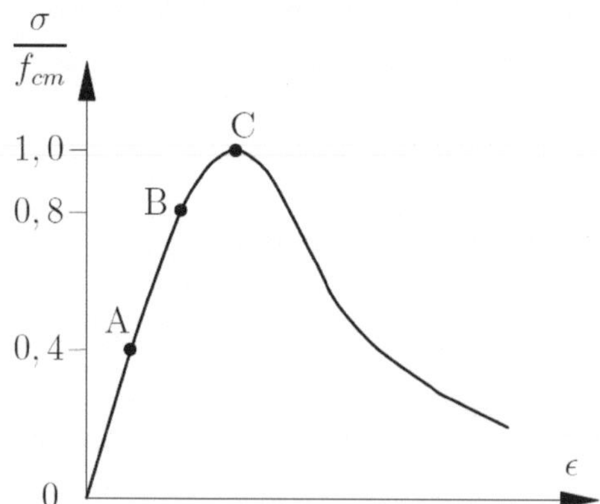

Abbildung 2.7: Normiertes Spannungs-Dehnungs-Diagramm für Beton unter einaxialem Druck [33]

Entsprechend der Bruchenergie für Zugversuche hat [46] eine entsprechende Kenngröße für Druckversagen eingeführt. Diese Druckbruchenergie (G_C) beträgt ungefähr das 100- bis 500-fache der Zugbruchenergie und findet in der Formulierung von Evolutionsgesetzen in der numerischen Simulation Verwendung.

Die experimentelle Ermittlung der einaxialen, zentrischen Zugfestigkeit (f_{ctm}) wird beispielsweise in [47] und [48] beschrieben. Unter gleichmäßiger **Zugbeanspruchung** erfahren die anfänglich in der Kontaktzone vorhandenen Mikrorisse bis zu ca. 70 % der Zugfestigkeit kein wesentliches Wachstum, so dass die Spannungs-Dehnungs-Kennlinie einen nahezu linearen Verlauf aufweist. Erst bei höheren Lasten treten ein vermehrtes Mikrorisswachstum und der Zusammenschluss zu Makrorissen auf, bis sich, ab dem Überschreiten der Zugfestigkeit, das Risswachstum auf den schwächsten Teil des belasteten Querschnitts konzentriert. Dies führt zu einem Abfall der aufnehmbaren Last und bedeutet, der Beton entfestigt sich. Die Versagenszone ist somit lokal begrenzt, wodurch der restliche Probekörper eine Entlastung erfährt [35]. Das Nachbruchverhalten ist geprägt von großen Verformungen durch den Haft- und Reibungsverbund des Zuschlags in der Zementmatrix.

Bei numerischen Analysen wird analog zur Druckbeanspruchung die Bruchenergie (G_t) als Parameter für den Betonwiderstand gegen Zugbeanspruchung verwendet [33].

Zweiaxiales Verhalten

Zur Analyse des Tragverhaltens ist der einaxiale Spannungszustand nur im Rahmen stark vereinfachten Betrachtungen anwendbar. Bei der Belastung einer realen Struktur tritt hingegen meist ein dreidimensionaler Spannungszustand auf. Für die Untersuchung von Platten, Scheiben und dünnen Schalen ist jedoch eine Beschränkung auf einen zweiachsigen Spannungszustand vertretbar [32]. Da Betonbauteile in der Regel als massive Strukturen ausgeführt sind, ist die zweiachsige Betrachtungsweise nur in Ausnahmefällen, wie z. B. der makroskopischen Analyse von Betonplatten, anwendbar.

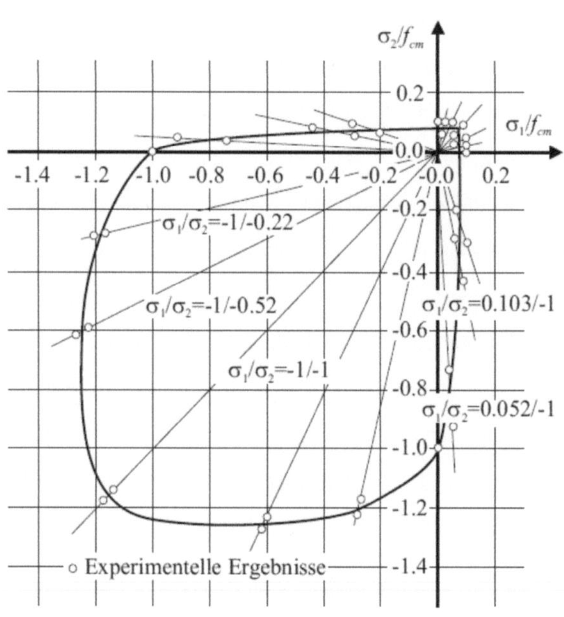

Abbildung 2.8: Zweiaxiale Versagenskurve von Beton [49]

Das Betonverhalten unter biaxialer Belastung wurde von [49, 50, 51] anhand ausführlicher Versuche analysiert und Ergebnis dieser Arbeiten war unter anderem die Versagenskurve für den zweiachsigen Spannungszustand (Abbildung 2.8). Die im Hauptspannungsraum aufgetragene Versagenskurve gibt an, bei welchen Spannungskombinationen Materialversagen eintritt. Somit stellt diese die Spannungsmaxima der jeweiligen Spannungs-Dehnungs-Beziehungen dar.

Aus der zweiaxialen Spannungs-Dehnungskurve ist ersichtlich, dass im Druck/Druck-Bereich eine Steigerung der maximal aufnehmbaren Spannung von bis zu 25 % auftritt. Dieser Effekt ist auf ein Verkeilen der unebenen Rissflächen zurückzuführen [32]. Bei einer gemischten Zug/Druck-Beanspruchung reduziert sich die Druckfestigkeit hingegen deutlich und im Zug/Zug-Bereich tritt das Versagen immer beim Erreichen der eindimensionalen Zugfestigkeit ein.

Dreiaxiales Verhalten

Das Verhalten von Beton unter einem räumlichen Spannungszustand wird anhand von Triaxialversuchen an Betonprobekörpern beispielsweise in [52, 53, 54] untersucht. Ähnlich zur zweiaxialen Versagenskurve kann für die triaxiale Beanspruchung eine Versagensfläche im Hauptspannungsraum aufgetragen werden (Abbildung 2.9) [35].

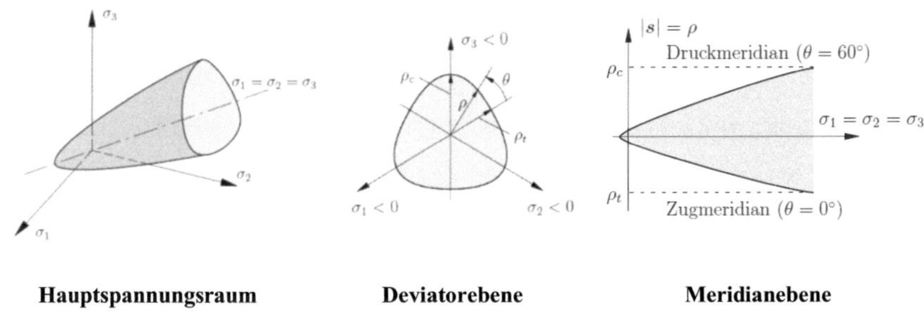

Abbildung 2.9: Triaxiale Versagensfläche von Beton [33]

Die Versagensfläche ist dabei durch nichtlineare, konvexe und glatte Meridiane charakterisiert und unter hydrostatischem Zug ($\sigma_1 = \sigma_2 = \sigma_3$) weist die Deviatorebene einen dreiecksförmigen Verlauf auf, der mit zunehmendem hydrostatischen Druck in eine Kreisform übergeht.

Aus der Versagensfläche ist ersichtlich, dass Beton mit steigendem Umschnürungsdruck höhere Belastungen aufnehmen kann. Nach [34] ist dies darauf zurückzuführen, dass bei einaxialer Belastung Versagen durch einen prinzipiellen Sprödbruch auf Grund instabilen Risswachstums auftritt. Unter mäßigem Querdruck wandelt sich der Versagensmechanismus hingegen zu einem quasi-duktilen Versagen, welches hauptsächlich auf die Zerstörung der Zementmatrix zurückgeführt werden kann.

Beim Betonabtrag mittels OHT-Verfahren bilden sich in der Werkzeugeingriffszone komplexe dreidimensionale Spannungszustände aus, die zur Zerstörung des Materials führen. Für eine realitätsnahe Abbildung des Abtragprozesses muss das Betonverhalten aus diesem Grund mit Hilfe eines dreiaxialen Materialmodells beschrieben werden [55].

2.3.2 *Numerische Materialmodelle*

Obwohl in den letzten Jahrzehnten eine große Anzahl unterschiedlicher mathematischer Modelle zur Beschreibung des Betonverhaltens veröffentlicht wurden, gibt es bisher noch kein allumfassendes Materialmodell, welches alle Werkstoffeffekte berücksichtigt. Die numerische Formulierung dieses Werkstoffes ist unter anderem so aufwendig, weil sich - wie in den vorangegangenen Abschnitten dargestellt - das Verhalten für Druck-, Zug- sowie gemischte Beanspruchung stark unterscheidet. Des Weiteren variieren die Versagensarten je nach Größe und Form der aufgebrachten Belastung und den äußeren Gegebenheiten wie Temperatur, Feuchte und Hydratationsgrad zwischen spröde und duktil. Die meisten der vorgeschlagenen Modelle sind zwar in der Lage einzelne Phänomene sehr gut abzubilden, zeigen aber bei anderen deutliche Schwächen [35, 36, 56, 57]. In Abhängigkeit von der zugrundeliegenden Theorie lassen sich die einzelnen konstitutiven Modelle klassifizieren. In der Regel wird zwischen elastischen Modellen [58] und inelastischen Modellen unterschieden. Letztere basieren entweder auf der Plastizitäts- [59, 60] oder auf der Schädigungstheorie [61]. [32]

Der folgende Abschnitt gibt einen kurzen Überblick über die wesentlichen Unterschiede der verschiedenen numerischen Modellierungsansätze. Detailliertere Ausführungen sind beispielsweise in [35, 36, 62] zu finden.

Elastische Modelle

Bei elastischen Materialmodellen besteht eine direkte Abhängigkeit zwischen Spannungen und Dehnungen. Das bedeutet, zu jedem Spannungszustand existiert genau ein zugehöriger Dehnungszustand. Das einfachste elastische Werkstoffgesetz ist das Hooke'sche Gesetz, welches das Verhalten für isotrope, linear-elastische Materialien definiert. Unter Zuhilfenahme weiterer elastischer Konstanten kann dieses Modell auch für nichtlineare und anisotrope Materialbeschreibungen erweitert werden. Bei der Modellierung von Betonstrukturen finden linear-elastische Modelle zur Beschreibung des linear-elastischen Spannungs-Dehnungs-Bereichs (vgl. Abbildung 2.7) Anwendung.

Elastisch-plastische Modelle

Im Allgemeinen endet der elastische Bereich eines Materials an einer fest definierten Grenze. Bei einer weiter zunehmenden Belastung stellen sich dann irreversible Verformungen ein, die auch nach einer vollständigen Entlastung bestehen bleiben.

Obwohl Beton ein eher spröder Werkstoff ist und weder klassisches plastisches Versagen noch ausgesprochenes Fließen aufweist, kann das Strukturversagen phänomenologisch durch Modelle der Plastizitätstheorie abgebildet werden [34]. Im Rahmen der klassischen Deformationstheorie wird der Dehnungsvektor dazu in elastische und plastische Anteile aufgespalten und die Definition einer Vergleichsspannung beschreibt den Beginn des inelastischen Materialverhaltens. Neben der klassischen Deformationstheorie umfasst die Plastizitätstheorie eine Reihe weiterer Ansätze, wie beispielsweise die Fließtheorie [63, 60], die endochrone Plastizität [64] oder die Hypoplastizität [65] zur Abbildung spezieller Werkstoffeffekte.

Modelle nach der Schädigungstheorie

Während bei der elastisch-plastischen Materialtheorie die elastischen Materialparameter konstant bleiben, wird bei Modellen nach der Schädigungstheorie der elastische Materialtensor als Folge des Schädigungsgrades angepasst. Beim Auftreten irreversibler Effekte verringert sich somit die elastische Steifigkeit in Abhängigkeit eines oder mehrerer Schädigungsparameter.

Bei der Belastung von Beton stellt sich ab dem Überschreiten der maximalen Betonfestigkeit eine Schädigung des Materialgefüges ein, die sowohl das Ent- als auch das Wiederbelastungsverhalten stark verändert. Für die Modellierung von Beton wurde dieser Ansatz von [66] als erstes angewendet und [67, 68, 69] schlagen verschiedene Formulierungen zur Erfassung dieses Entfestigungsverhaltens vor.

Für eine wirklichkeitsnahe Beschreibung des Betonverhaltens wird außerdem häufig eine Kopplung verschiedener Modellierungsansätze vorgenommen. In

[70] wird dazu beispielsweise eine Kombination von Plastizitäts- und Schädigungstheorie vorgeschlagen.

Rissmodellierung

Wie zuvor beschrieben, wird der Versagensprozess von Beton hauptsächlich durch Rissbildungs- und Risswachstumsprozesse bestimmt. Für die Abbildung dieser Effekte im Rahmen der Finiten-Element-Methode haben sich zwei unterschiedliche Konzepte etabliert.

Nach [32] wird bei der **diskreten Rissbetrachtung** die Diskontinuität im Verschiebungsfeld entlang der Rissränder exakt berücksichtigt. Die numerisch berechneten Risse entwickeln sich dabei klassischerweise entlang der Elementgrenzen des FEM-Netzes [71]. Für eine wirklichkeitsnähere Beschreibung der Rissausbreitung schlagen [72, 73] jedoch eine Erweiterung der Elementformulierung vor, die eine netzunabhängige Ausbreitung ermöglicht.

Da sich beim Erreichen des Traglastzustandes einer Betonstruktur jedoch nur in seltenen Fällen ein Einzelriss einstellt, sondern es in der Regel zur Entwicklung eines ausgedehnten Rissbandes kommt, hat sich die verschmierte Betrachtung der Rissevolution für eine effiziente Berechnung allgemein etabliert.

Bei den **verschmierten Rissmodellen** wird die Risszone weiterhin als Kontinuum betrachtet, die Steifigkeitsparameter werden jedoch für die geschädigten Gebiete herabgesetzt. Somit wird die Diskontinuität über die Struktur „verschmiert". Auf Basis dieses Ansatzes können „fixed crack" und „rotating crack"-Modelle unterschieden werden. Wobei bei Ersteren die Rissrichtung während aufeinanderfolgender Belastungsschritte beibehalten wird und sich bei „rotating crack"-Modellen der jeweiligen Hauptzugspannungsrichtung anpasst.

Bei der Anwendung des Konzeptes der verschmierten Risse in seiner Standardform lässt sich feststellen, dass es besonders bei unbewehrten Bauteilen zu einer physikalisch nicht akzeptablen Abhängigkeit vom verwendeten Finite-Element-Netz kommt. Die maximale Traglast der berechneten Struktur nimmt mit fortschreitender Netzfeinheit ab, ohne gegen einen Wert zu konvergieren. Der Grund für dieses Phänomen ist in der Lokalisierung des Betonversagens auf einen kleinen Bereich zu sehen. Zur Wahrung der Objektivität des bruchmechanischen Ansatzes gegenüber Verfeinerungen der Finite-Element-Diskretisierung ist beispielsweise die Einführung einer charakteristischen Elementlänge vorzunehmen [32, 35, 74, 75].

3 Steifigkeitsanforderungen der oszillierenden Hinterschneidtechnik

Im Folgenden soll untersucht werden, unter welchen Randbedingungen ein auf der oszillierenden Hinterschneidtechnik basierendes Werkzeug für den Betonabtrag an den Ausleger eines Mobilbaggers angebaut werden kann. Im Speziellen soll dazu die erforderliche Systemsteifigkeit zur Gewährleistung eines effizienten Materialabtrags abgeschätzt und anschließend mit der Auslegersteifigkeit eines Beispielbaggers verglichen werden. Als beispielhaftes Trägergerät für die messtechnische Ermittlung eines Auslegersteifigkeitskennfeldes und die Adaptionsanalyse wird in Abschnitt 4 ein Mobilbagger des Typs Liebherr A310 untersucht.

Abbildung 3.1: Testgerät für die Analyse der Auslegersteifigkeit

3.1 Ermitteln der Schnittkräfte

Den größten Einfluss auf die erforderliche Maschinensteifigkeit haben die auftretenden Prozesskräfte (Abbildung 3.2). Aus diesem Grund wird für die weitere

Untersuchung zunächst die Größenordnung der auftretenden Arbeitskräfte beim Betonabtrag mittels OHT-Verfahren ermittelt.

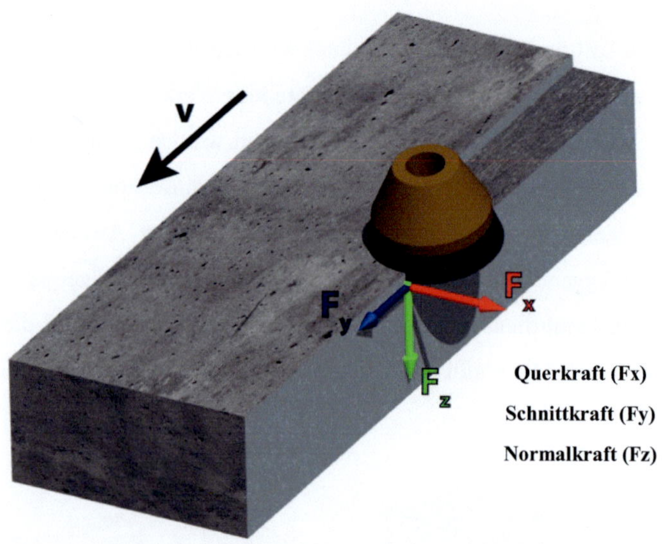

Abbildung 3.2: Prozesskräfte am OHT-Werkzeug

Für das Verfahren des Betonabtrags mittels oszillierender Hinterschneidtechnik steht bisher noch kein analytisches Modell für die Bestimmung der Prozesskraftverläufe zur Verfügung und experimentelle Untersuchungen wie z.B. [20] und [4] beziehen sich auf den reinen Gesteinsabtrag. Aus diesen Gründen wurde in [76] ein Versuchstand aufgebaut, mit dessen Hilfe die Prozesskräfte experimentell gemessen werden können. Als Grundlage für die weiteren Untersuchungen werden auf diesem Versuchstand die Arbeitskräfte bei verschiedenen, charakteristischen Abtragszenarien gemessen und somit beispielhafte Kraftverläufe ermittelt.

3.1.1 Beschreibung des Versuchstands

Als Basis des OHT-Versuchstands zur Messung der Prozesskräfte diente eine Vertikal-Fräsmaschine der Firma Droop & Rein vom Typ FS 110 NB. Diese Maschine hat ein Eigengewicht von ca. 15 t und weist, bedingt durch die sehr hohen Anforderungen der spanenden Metallbearbeitung hinsichtlich Prozessstabilität und Oberflächengüte, eine vergleichsweise hohe Systemsteifigkeit auf. Diese Zusammenhänge werden z.B. in [77, 78] näher erläutert.

Der Aufbau des Versuchstands ist in Abbildung 3.3 dargestellt und es ist zu erkennen, dass die eigentliche Frässpindel samt Antrieb entfernt und durch eine Einheit aus Elektromotor und OHT-Werkzeug (Abbildung 3.4) ersetzt wurde.

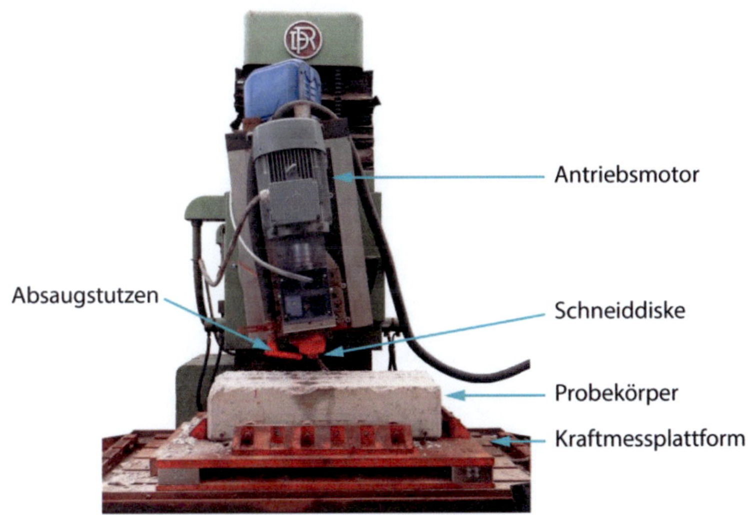

Abbildung 3.3: OHT-Versuchstand auf Basis einer Fräsmaschine [76]

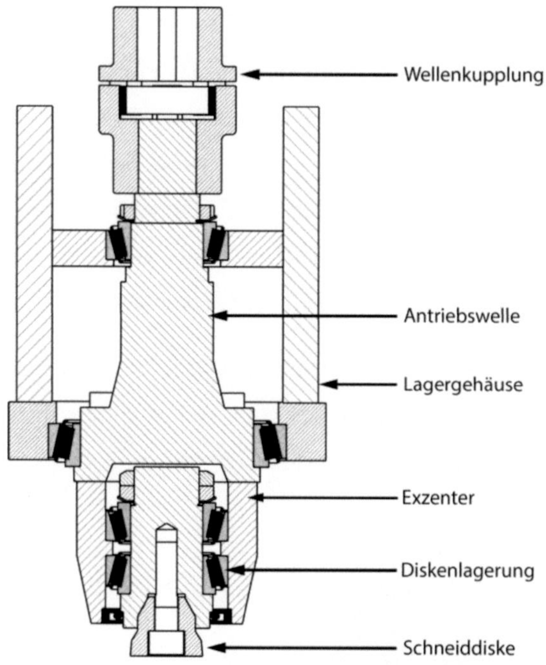

Abbildung 3.4: Schnittzeichnung OHT-Werkzeug [76]

Der Antrieb der Werkzeugspindel erfolgt mit einem Asynchronmotor der Firma VEM mit einer Nennleistung von 15 kW und wird durch einen Umrichter angesteuert, der eine stufenlose Regelung der Spindeldrehzahl zwischen 0 und 4.200 Umdrehungen pro Minute ermöglicht. Die Motorwelle ist über die Wellenkupplung direkt mit der Spindel des OHT-Werkzeugs gekoppelt, die wiederum das über die Diskenlager frei drehbare Schneidwerkzeug antreibt. Die oszillierende Werkzeugbewegung wird dabei durch den Exzenter erzeugt.

Für die Messung der Schnittkraftverläufe war der Versuchsstand mit einer Schneiddiske (Abbildung 3.5) mit einem Durchmesser von 50 mm und Hartmetalleinsatz bestückt. Der Freiwinkel (α) betrug 7 ° und die Diske hatte einen Keilwinkel (β) von 75 °.

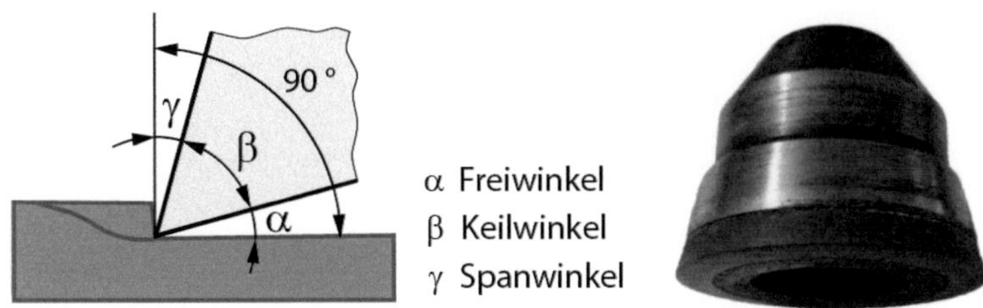

Abbildung 3.5: Schneiddiske

Bei ersten Abtragsversuchen auf dem Prüfstand und vor allem bei praxisnahen Verfahrenstests im Rahmen des Forschungsprojektes [5] hat sich gezeigt, dass eine gut funktionierende Abführung des Abraums von entscheidender Bedeutung für möglichst geringe Prozesskräfte ist. Diese wurde am Versuchstand durch eine Absauganlage und eine möglichst nahe am Werkzeug geführte Absaugdüse umgesetzt.

Die Probekörper wurden durch eine Klemmvorrichtung fixiert und über eine Kraftmessplattform auf dem Kreuztische der Fräsmaschine befestigt. Dieser ermöglichte eine einfache Realisierung der Positionier- und Arbeitsbewegungen und ließ stufenlos einstellbare Vorschubgeschwindigkeiten (v_{ft}) zwischen 30 und 650 $\frac{mm}{min}$ zu.

Die Kraftmessplattform zur Erfassung der Arbeitskräfte wurde aus insgesamt 4 dreiachsigen Kraftsensoren vom Typ K3D160 der Firma ME-Meßsysteme GmbH (Abbildung 3.6) aufgebaut.

<table>
<tr><td>Nennkraft FN:</td><td>+/- 20 kN</td></tr>
<tr><td>Gebrauchskraft:</td><td>+/- 30 kN</td></tr>
<tr><td>Bruchkraft:</td><td>+/- 60 kN</td></tr>
<tr><td>Genauigkeitsklasse:</td><td>1%</td></tr>
<tr><td>Linearitätsfehler:</td><td>< 0,2 % (FN)</td></tr>
<tr><td>Temperaturkoeffizient:</td><td>0,05 % (FN/K)</td></tr>
</table>

Abbildung 3.6: 3-Achs-Kraftsensor K3D160 [79]

Des Weiteren wurden die Vorschubwege in globaler Y-Richtung mittels Seil-zug-Wegaufnehmern erfasst und die elektrische Leistungsaufnahme des Frässpindelmotors aus dem Frequenzumrichter ausgelesen. Ein Impulsgeber an der Werkzeugspindel lieferte außerdem ein Triggersignal für die exzenterpositionsabhängige Kraftauswertung. Insgesamt ergaben sich somit 15 Messkanäle (12x Kraft, 1x Weg, 1x elektrische Leistung, 1x Impulsgeber). Diese wurden mit Hilfe des Multifunktions-Datenerfassungsgerät NI USB-6210 von National Instruments erfasst, digitalisiert und anschließend über eine LabVIEW-Applikation verarbeitet und aufgezeichnet.

3.1.2 Versuchsdurchführung und Auswertung

Der Einfluss der verschiedenen Prozessparameter auf die Abtragkräfte und das Verhalten beim Betonabtrag mittels ODC-Verfahren wurde in [5] bereits näher untersucht. Im Rahmen dieses Forschungsprojektes wurden verschiedene Parameterkombinationen experimentell getestet und unter praxisnahen Einsatzbedingungen erprobt. Weiterhin werden aktuell umfangreiche Testreihen durchgeführt, um den Einfluss der einzelnen Prozessparameter auf den Abtragprozess und das Arbeitsergebnis zu analysieren. Die Resultate dieser Untersuchungen liegen jedoch bisher noch nicht vor und werden Ende 2014 erwartet. Aus diesem Grund werden im Rahmen der hier vorliegenden Arbeit die folgenden Parametereinstellungen zur Bestimmung beispielhafter Abtragkräfte verwendet. Diese Einstellungen haben sich bei den Praxistests im Rahmen des Forschungsprojekts [5] bewährt und ein gutes Abtragsergebnis geliefert.

Tabelle 3.1: Prozessparameter bei der Arbeitskraftmessung

Zustellung (a_t):	$4\ mm$
Diskendurchmesser (d_{ODC}):	$50\ mm$
Vorschubgeschwindigkeiten (v_{ft}):	$500\ \frac{mm}{min}$
Oszillationsfrequenz (f_a):	$35\ Hz$
Vorschub je Oszillationsbewegung (f_z):	$0{,}24\ mm$
Exzentrizität (e):	$1\ mm$
Anstellwinkel (α):	$7°$

Da in der Praxis ein große Anzahl unterschiedlicher Betonarten zum Einsatz kommen und diese in ihren Materialeigenschaften erheblich differieren, wurden mit Hilfe des Versuchsstandes die Kräfte beim Abtrag drei unterschiedlicher Betone gemessen. Im nächsten Schritt wurden die gemessenen Kraftprofile dann verglichen und ein möglichst repräsentativer Kraftverlauf für die weiteren Untersuchungen ausgewählt. Tabelle 3.2 gibt einen Überblick der getesteten Betone und deren Materialkennwerte.

Tabelle 3.2: Eigenschaften der getesteten Betonarten

	Beton 1	Beton 2	Beton 3
Bezeichnung:	C20/25-16	C30/37-16	C20/25-32
Festigkeit ($f_{m,cube}$):	40 MPa	49 MPa	44 MPa
Größtkorn:	16 mm	16 mm	32 mm

Zur Messung der Prozesskräfte wurde jeweils eine 0,8 Meter lange Bahn abgetragen und die Messdaten mit einer Abtastrate von 10 kHz digitalisiert und aufgezeichnet. Im nächsten Schritt wurden die aufgezeichneten Rohdaten mit Hilfe einer Labview-Applikation aufbereitet. Dazu wurden zunächst die 12 Kanäle der Kraftmessplattform im globalen Koordinatensystem addiert, so dass sich nach Gleichung (3.1) bis (3.3) die Querkraft ($\vec{F}_{A,q}$), die Schnittkraft ($\vec{F}_{A,s}$) und die Normalkraft ($\vec{F}_{A,n}$) ergeben.

$$\vec{F}_{A,q} = \vec{F}_x = \sum_{i=1}^{4} \vec{F}_{x,i} \qquad (3.1)$$

$$\vec{F}_{A,s} = \vec{F}_y = \sum_{i=1}^{4} \vec{F}_{y,i} \qquad (3.2)$$

$$\vec{F}_{A,n} = \vec{F}_z = \sum_{i=1}^{4} \vec{F}_{z,i} \qquad (3.3)$$

Durch vektorielle Addition dieser Abtragskraftkomponenten wird danach die resultierende Abtragskraft ($\vec{F}_S$) berechnet und der Betrag der Abtragskraft ergibt sich nach Gleichung (3.5).

$$\vec{F}_S = \vec{F}_{A,q} + \vec{F}_{A,s} + \vec{F}_{A,n} \qquad (3.4)$$

$$F_S = \sqrt{F_x^2 + F_y^2 + F_z^2} \qquad (3.5)$$

Die nach den Gleichungen (3.1) bis (3.5) ermittelte Abtragskraft und die verschiedenen Kraftkomponenten sind für den Abtrag von Beton 1 in Abbildung 3.7 dargestellt und für die weiteren Versuche in Anhang A zu finden. Die Diagramme zeigen dabei die Kraft-Zeit-Verläufe für die gesamte Messdauer. Besonders bei Betrachtung der vergrößerten Diagrammausschnitte sind die zyklischen Kraftverläufe, bedingt durch die oszillierende Werkzeugbewegung, gut zu erkennen. Dabei wird auch deutlich, dass die Querkraft während einer Exzenterumdrehung ihre Richtung im globalen kartesischen Koordinatensystem zyklisch ändert, während die restlichen Kraftkomponenten einen schwellenden Verlauf aufweisen. Dieses Verhalten lässt sich durch die geometrischen Zusammenhänge der Schneiddiskenbewegung gut erklären und wird im weiteren Verlauf näher erläutert.

Zur Plausibilitätsprüfung der gemessenen Kraft-Zeit-Verläufe wurde zunächst eine Frequenzanalyse durchgeführt. Mit Hilfe einer FFT wurde das Amplitudenspektrum der Kraftsignale abgebildet, um einerseits die Korrelation zwischen der Exzenterdrehzahl und den Oszillationsfrequenzen zu überprüfen und weiterhin eventuelle Störfrequenzen der Prüfstands- und Messtechnik auszuschließen (Abbildung 3.9).

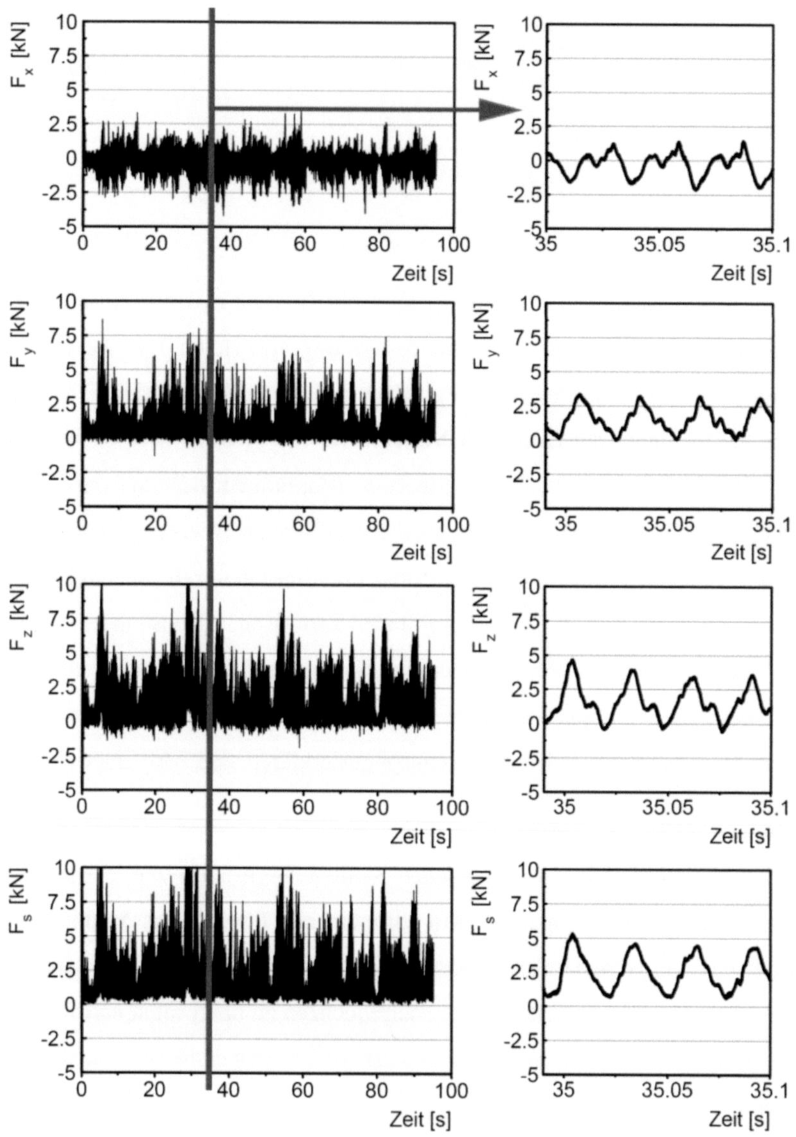

Abbildung 3.7: Kraft-Zeit-Verläufe beim Abtrag von Beton 1

Die Frequenzspektren in Abbildung 3.9 und Anhang A weisen dabei nur exakt bei der Anregungsfrequenz von 35 Hz und ganzzahligen Vielfachen dieser Frequenz Schwingungsanteile auf. Dieses Ergebnis bestätigt somit die Funktion des Versuchs- und Messaufbaus insoweit, dass keine periodischen Störgrößen sowohl auf Seiten der Messwerterfassung als auch auf Seiten der Versuchsstandmechanik die Untersuchung verfälschen.

Für die folgende analytische und simulative Untersuchung der Steifigkeitsanforderungen wird der Schnittkraftverlauf über eine Exzenterumdrehung benötigt. Da die Kraftverläufe der einzelnen Exzenterumdrehungen durch die Inhomogenität des Betons eine sehr große Streubreite aufweisen, wurde über die gesamte Schnittlänge eines Abtragversuchs ein gemittelter Kraftverlauf berechnet. Mit Hilfe des aufgezeichneten Triggersignals werden die Kraftverläufe aller Exzenterumdrehungen übereinander gelegt und anschließend der gemittelte Verlauf berechnet. Abbildung 3.10 zeigt das Ergebnis dieser Berechnung, bei welcher die Kraftverläufe über 3.322 Exzenterumdrehungen gemittelt wurden. Die Definition des Exzenterwinkels ist dazu in Abbildung 3.8 dargestellt.

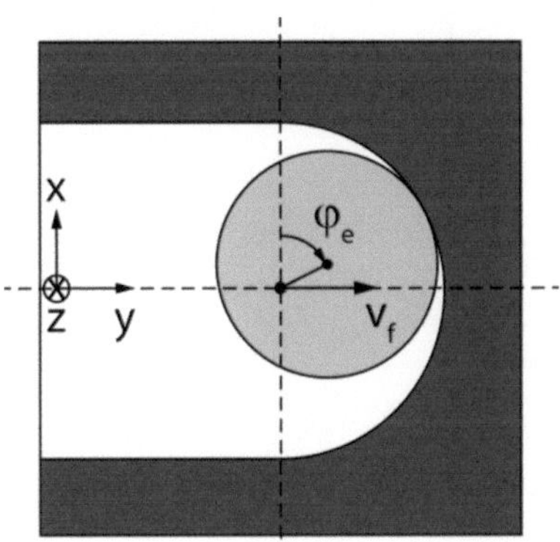

Abbildung 3.8: Exzenterwinkel beim ODC-Verfahren

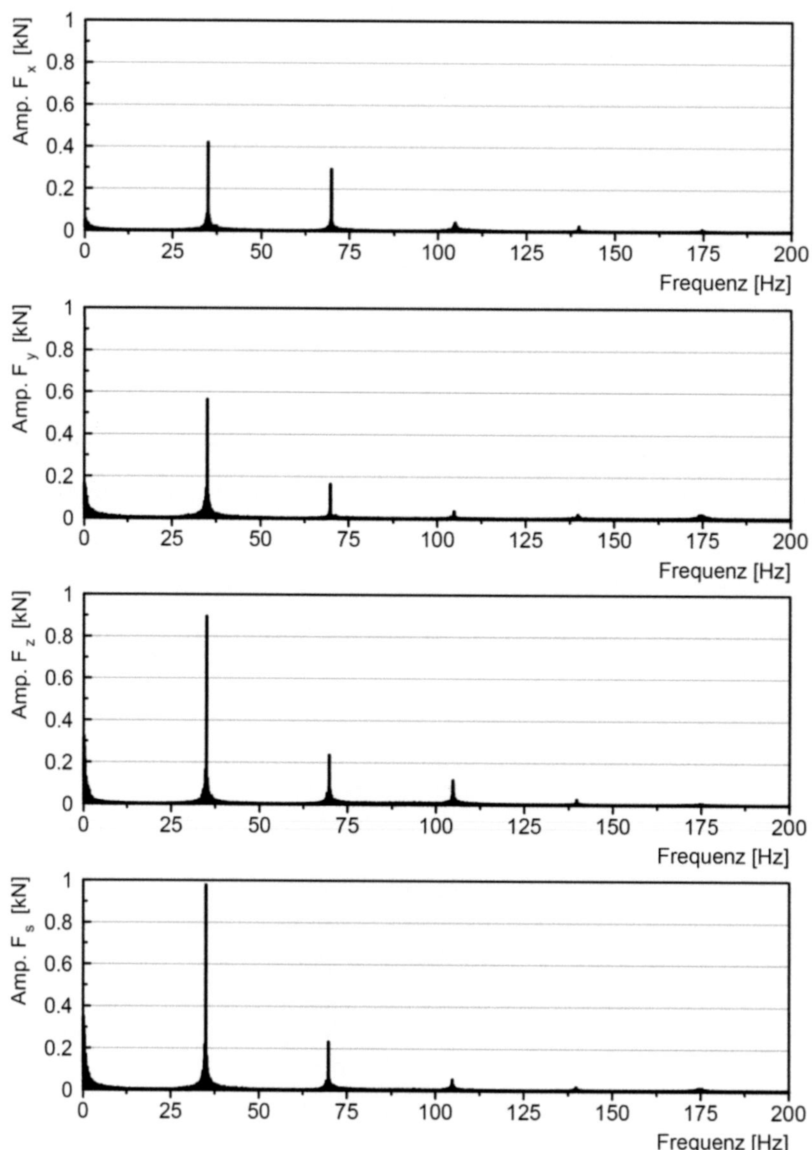

Abbildung 3.9: Frequenzspektren der Kraftverläufe (Beton 1)

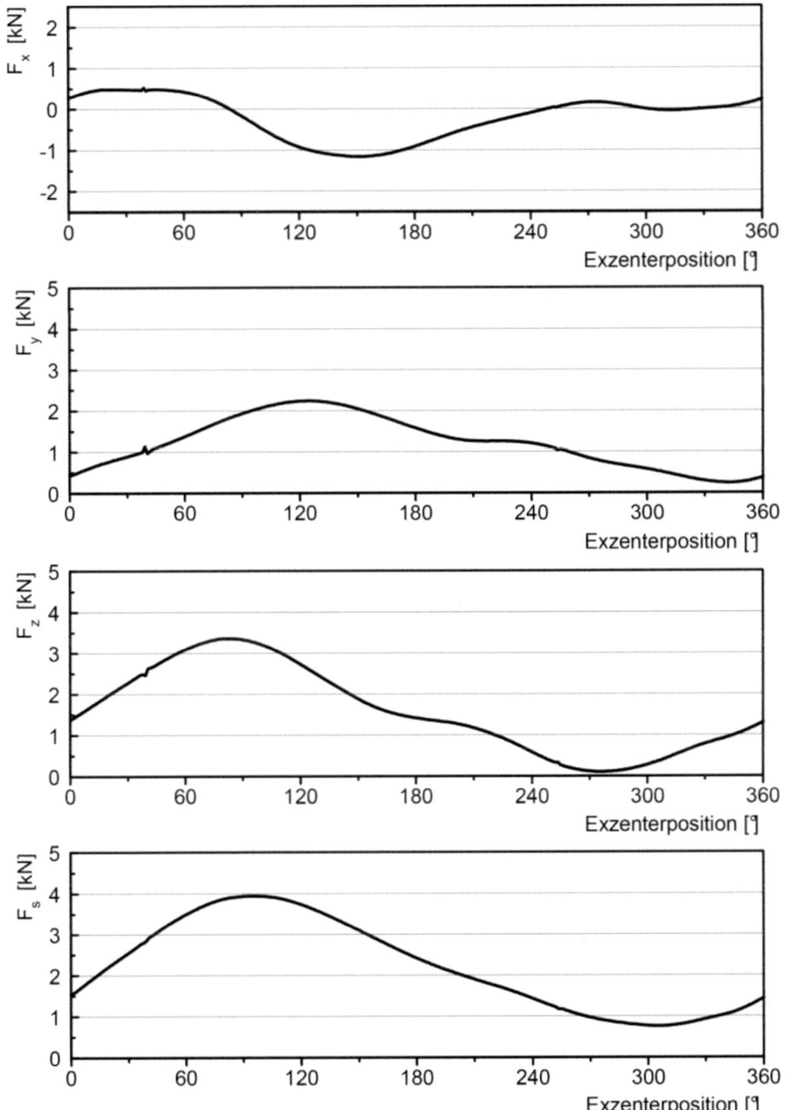

Abbildung 3.10: Gemittelter Kraftverlauf über eine Exzenterumdrehung (Beton 1)

Bei Betrachtung der Schnittkraftverläufe auf Basis dieser Konvention ist deutlich zu erkennen, dass der maßgebliche Materialabtrag bei einem Exzenterwinkel zwischen 0 und 180° stattfindet, da sich in diesem Bereich die Schneiddiske in der vordern Umlaufhälfte befindet. Dass in der zweiten Oszillationshälfte trotzdem Reaktionskräfte gemessen werden, ist auf die geometrischen Eingriffsverhältnisse und die Reibung zwischen der Schneiddiske und dem Abraum zurückzuführen

Die in diesem Abschnitt dargestellten Auswertungen wurden auch für die Abtragversuche von Beton 2 und 3 durchgeführt. Die Ergebnisse sind in Anhang A zu finden. In Abbildung 3.11 sind die resultierenden Abtragkraftverläufe einer Exzenterumdrehung beim Abtrag der verschiedenen Betonarten zusammengefasst. Es ist zu erkennen, dass das abzutragende Material einen großen Einfluss auf die Schnittkräfte hat und diese mit steigender Festigkeit, aber vor allem auch einem zunehmenden Größtkorndurchmesser maximal werden. Da das OHT-Verfahren aber auch bei Betonsorten mit höherer Festigkeit anwendbar sein soll, wird für die weitere Untersuchung der Maschinensteifigkeitsanforderung der Kraftverlauf beim Abtrag von Beton 3 zugrunde gelegt.

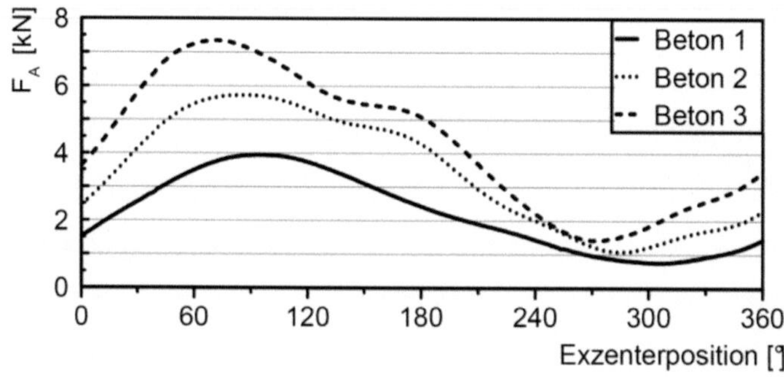

Abbildung 3.11: Vergleich der resultierenden Abtragkräfte über eine Exzenterumdrehung

Für die Abschätzung der Steifigkeitsanforderungen ist auch das Verhältnis zwischen der Normalkraft und der Horizontalkraft von großer Bedeutung. Während die Normalkraft vom Trägergerät abgestützt werden muss, damit das Werkzeug die geforderte Abtragtiefe einhält, muss senkrecht dazu die Horizontalkraft aufgebracht werden, damit ein Materialabtrag stattfinden kann. Die wirkende Horizontalkraft wird dabei durch die Addition von Quer- und Schnittkraft berechnet (3.6) und das Normalkraft-Horizontalkraftverhältnis (i_{nh}) nach (3.7) aus dem Betrag der Kraftanteile gebildet.

$$\vec{F}_{A,h} = \vec{F}_{A,q} + \vec{F}_{A,s} \qquad (3.6)$$

$$i_{nh} = \frac{F_{A,n}}{F_{A,h}} \qquad (3.7)$$

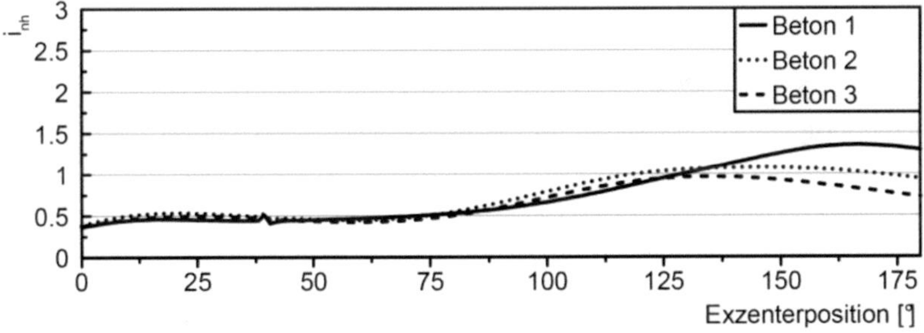

Abbildung 3.12: Verhältnis zwischen Normal- und Horizontalkraft

In Abbildung 3.12 ist das Kräfteverhältnis für die ausschlaggebenden Exzenterpositionen von 0 bis 180° dargestellt. Es ist zu erkennen, dass das Verhältnis in einem Bereich von 0,4 bis 1,5 liegt. Das über weite Bereiche nahezu konstante Kräfteverhältnis basiert dabei auf den geometrischen Winkelverhältnissen am

Werkzeugeingriff (Abbildung 3.5), die zu einer gleichmäßigen Aufteilung der Schnittkraft führen.

3.2 Quasistatische Betrachtung am Ersatzmodell

Zunächst wird der OHT-Prozess anhand eines quasistatischen Ersatzmodells betrachtet. Das bedeutet, dass dynamische Einflussfaktoren wie Beschleunigungs- und Dämpfungskräfte vernachlässigt werden. Das dynamische Maschinenverhalten ist sehr stark von der jeweiligen Werkzeugkonstruktion abhängig und lässt sich deshalb nur sehr schwer verallgemeinern, sondern muss vielmehr am konkreten Beispiel analysiert werden. Für eine erste, von einer konstruktiven Werkzeugumsetzung unabhängige Abschätzung der benötigten Maschinensteifigkeit liefert somit die quasistatische Betrachtung einen ersten Anhaltswert und in Abschnitt 0 werden beispielhaft die Auswirkungen der Massen- und Dämpfungskräfte mit Hilfe einer FEM-Berechnung ermittelt. Weitere dynamische Effekte wie z.B. die Eigenfrequenzen des Abtragwerkzeugs, die einen großen Einfluss auf den Arbeitsprozess haben [80, 81], werden im Rahmen dieser Arbeit nicht betrachtet und müssen an der konkreten Werkzeuglösung untersucht werden.

Zur analytischen Abschätzung der Prozessleistungsfähigkeit in Abhängigkeit von der Struktursteifigkeit des Gesamtwerkzeuges soll der Abtragweg (x_{Abt}) bzw. die abgetragene Fläche (A_{Abt}) eines Werkzeugzykluses dienen. Dazu wird davon ausgegangen, dass sich die Schneiddiske an einer idealen Abtragsfront befindet und in der hinteren Exzenterposition ($\varphi = 270°$) die Schneide gerade am Material anliegt (vgl. Abbildung 3.8). Dieser Fall tritt in der Praxis auf, falls die Maschinensteifigkeit so gering ist, dass in den vorangegangen Oszillationszyklen die Werkzeugkräfte zu gering für einen Materialabtrag waren oder die

Vorschubgeschwindigkeit entsprechend hoch gewählt wird. Der kontinuierliche Vorschub bewirkt dann bei jeder neuen Werkzeugumdrehung einen größeren theoretischen Eingriffsweg und auf Grund der Steifigkeitskennlinie somit steigende Werkzeugkräfte. In den folgenden Untersuchungen wird der Extremfall betrachtet, bei dem die Diske in der hinteren Exzenterposition die Abtragsfront bereits tangiert.

Die Kenngrößen der Oszillationsbewegung und der Maschinenstruktur werden in Abbildung 3.13 dargestellt und im Folgenden wird die analysierte Diskenbewegung erläutert. Unter Berücksichtigung der Maschinensteifigkeit (c_F) wird ausgehend von dieser Position genau eine Oszillationsbewegung untersucht. Dabei legt die Schneiddiske einen von der Diskenexzentrizität und der Vorschubgeschwindigkeit definierten Werkzeugweg (x_e) zurück. Dieser bewirkt in Abhängigkeit der auftretenden Abtragkräfte (F_A) einerseits eine elastische Verformung der Maschinenstruktur (x_M) und anderseits einen Materialabtrag entlang des Abtragwegs. Wird dabei das Verhältnis zwischen der Reaktionskraft und der Struktursteifigkeit so groß, dass der Abtragweg geringer als die Vorschubbewegung während einer Exzenterumdrehung ist, würde sich die Diske anschließend dauerhaft im Eingriff befinden und das eigentliche Funktionsprinzip des OHT-Verfahrens wird nicht mehr erfüllt. Die Schneiddiske würde vielmehr auf Grund der Vorschubbewegung durch das Material geschoben und die Oszillationsbewegung würde eine schwellende Werkzeugkraft anstatt von Schlagimpulsen bewirken. Die Abtragversuche im Rahmen des Forschungsprojektes [5] scheinen diese Überlegung zur minimal erforderlichen Maschinensteifigkeit zu bestätigen und deuten beim Überschreiten dieser Grenze auch auf einen sprunghaften Anstieg der Reaktionskräfte hin.

3.2.1 Eindimensionales Modell

Im ersten Schritt wird der Abtragweg in Abhängigkeit von der Maschinenstei-figkeit anhand einer eindimensionalen Betrachtung abgeschätzt. Dazu wird der Abtragprozess in die Vorschubrichtung projiziert und als Basis dieser Betrach-tung dienen im weiteren Verlauf die in Abschnitt 3.1 gemessenen resultierenden Reaktionskräfte, die beispielhaft für die projizierte Abtragskraft (F_A) eingesetzt werden.

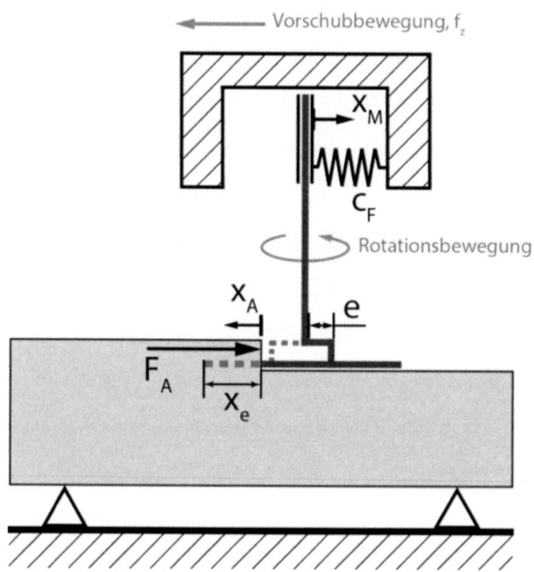

Abbildung 3.13: Prinzipskizze 1D-Model

In Abbildung 3.13 ist das eindimensionale Ersatzmodell mit den verschiedenen Wegen, der Abtragskraft und der Maschinensteifigkeit dargestellt. Der theoreti-sche Arbeitsweg in Vorschubrichtung während einer Oszillationsbewegung (x_e) berechnet sich dabei aus der Diskenexzentrizität (e) und dem Vorschub eines Werkzeugzykluses (f_z) nach Gleichung (3.8), während der Zyklusvorschub aus der Vorschubgeschwindigkeit (v_f) und der Exzenterdrehzahl (n_e) nach (3.9) berechnet werden kann.

$$x_e = 2 \cdot e + f_z \qquad (3.8)$$

$$f_z = \frac{v_f}{n_e} \qquad (3.9)$$

Im nächsten Schritt wird der elastische Verformungsweg der Maschinenstruktur (x_M) auf Grund der Abtragskraft (F_A) bestimmt. Die Strukturverformung berechnet sich, bei zugrunde legen eines linearelastischen Verhaltens mit der Ersatzsteifigkeit (c_M), nach Gleichung (3.10).

$$x_M = \frac{F_A}{c_M} \quad , \quad x_M \leq x_e \qquad (3.10)$$

Mit den Ergebnissen aus (3.8) und (3.10) ergibt sich der Abtragweg (x_{Abt}) und der normierte Abtragweg $(x_{Abt,n})$ nach folgenden Gleichungen:

$$x_{Abt} = x_e - x_M \qquad (3.11)$$

$$x_{Abt,n} = \frac{x_e - x_M}{x_e} \qquad (3.12)$$

Wird der so berechnete Abtragweg für die geometrischen Parameter des Versuchstands (Tabelle 3.1) und einer beispielhaften Abtragkraft von 5 kN über der Maschinensteifigkeit aufgetragen, ergibt sich das in Abbildung 3.14 dargestellte

Diagramm. Es ist deutlich zu erkennen, dass bis zu einer definierten Mindeststeifigkeit (Punkt 1, Abbildung 3.15) kein Materialabtrag stattfindet, da die elastische Verformung der Maschinenstruktur dem gesamten Werkzeugweg entspricht. In Punkt 2 (Abbildung 3.15) ist die zuvor definierte, minimal erforderliche Struktursteifigkeit erreicht, bei welcher der Abtragweg dem Vorschubweg während einer Oszillationsbewegung entspricht. Bei höheren Steifigkeiten nähert sich der Abtragweg schließlich langsam dem Werkzeugweg an und ein Großteil der Schneidenbewegung wird in Materialabtrag umgesetzt. Der dargestellte Verlauf macht deutlich, dass eine definierte Mindeststeifigkeit erforderlich ist, damit der Abtragprozess zuverlässig funktioniert. Überschreitet die Systemsteifigkeit die Mindeststeifigkeit (Punkt 1, Abbildung 3.15) bewirkt eine weitere Steifigkeitssteigerung zunächst eine deutliche Erhöhung des Abtragwegs, bevor der Kurvenverlauf abflacht und höhere Maschinensteifigkeit nur noch geringe Änderungen des Schnittanteils zur Folge haben. Aus diesem Grund wird bei einem Schnittanteil von 75 % ein Vergleichswert (Punkt 3, Abbildung 3.15) definiert, welcher diesen Übergang charakterisieren soll.

Den Einfluss der Abtragkraft auf den Verlauf der Schnittweg-Steifigkeitskennlinie verdeutlicht Abbildung 3.15. Bei einer konstanten Exzentrizität von 1 mm und einem Zyklusvorschub von 0,24 mm wurden die Kennlinien für verschiedene Abtragkräfte berechnet. Wie zu erwarten, sind bei steigenden Abtragkräften höhere Maschinensteifigkeiten erforderlich, um die spezifischen Punkte des ersten Materialabtrags und der minimalen erforderlichen Steifigkeit zu erreichen. Es wird aber auch der flachere Anstieg der Kennlinien deutlich. Das bedeutet, dass der Schnittweg bei steigender Struktursteifigkeit langsamer zunimmt.

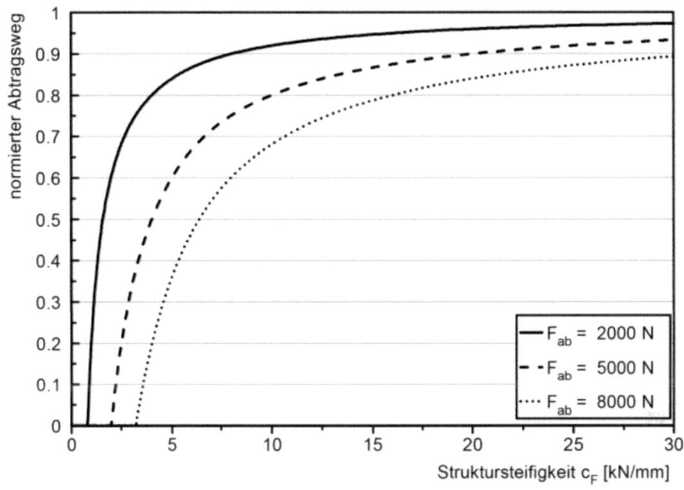

Abbildung 3.14: Abtraganteil in Abhängigkeit der Werkzeugsteifigkeit

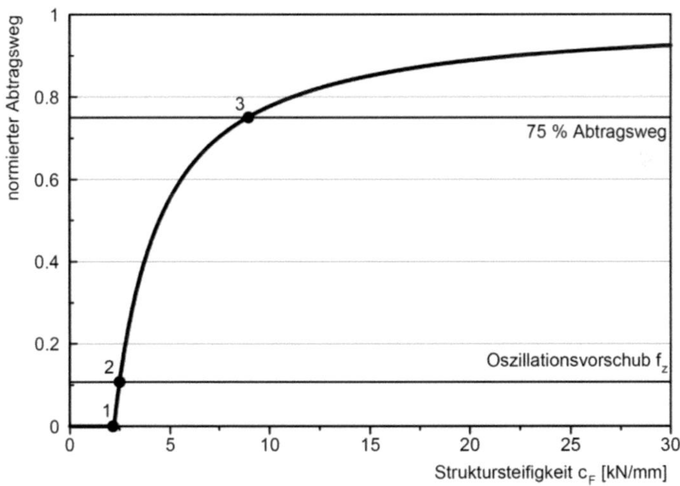

Abbildung 3.15: Variation der Abtragkraft

Die Abtragkraft wird hauptsächlich durch das abzutragende Material und die Prozessparameter, wie z.B. die Vorschubgeschwindigkeit, definiert. Wird die Abtragkraft als unveränderlich angenommen, besteht die Möglichkeit den Werkzeugweg durch eine größere Exzentrizität zu erhöhen und somit die erforderliche Maschinensteifigkeit zu verringern. Abbildung 3.16 und Abbildung 3.17 zeigen die Kennlinien verschiedener Exzentrizitäten bei einer konstanten Abtragkraft von 5 kN und einem Zyklusvorschub von 0,24 mm. Der größere Werkzeugweg führt so, trotz der elastische Verformung der Maschinenstruktur, zu einem Materialabtrag, wobei zu berücksichtigen ist, dass in diesem quasistatischen Modell die dynamischen Effekte der Maschinenbewegung und deren Einfluss auf den Abtragprozess nicht abgebildet werden. In der Realität wäre es möglich, dass sich die großen Bewegungsamplituden der Werkzeugmaschine negativ auf den Arbeitsprozess und die Haltbarkeit der Komponenten auswirken.

Für die drei in Abschnitt 3.1 beschriebenen Beispiel-Abtragversuche werden die resultierenden Abtragkräfte über die Werkzeugeingriffszeit (Exzenterposition 0° bis 180°) gemittelt und die Schnittwegkennlinien auf Basis der in Tabelle 3.1 aufgelisteten Prozessparameter im quasistatischen, linearen Ersatzmodell berechnet (Abbildung 3.18).

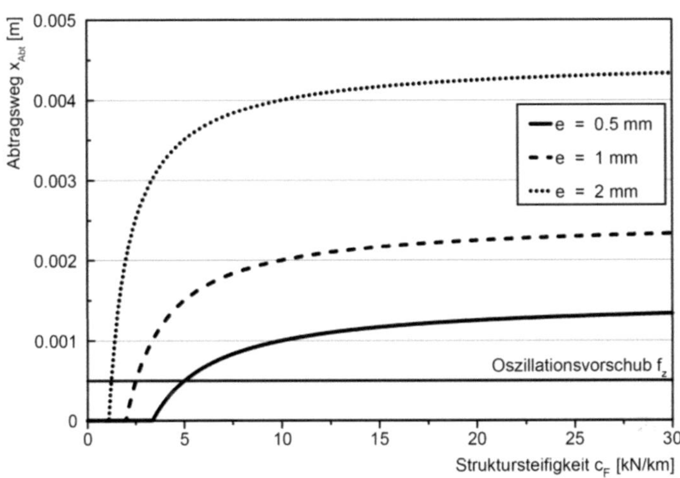

Abbildung 3.16: Einfluss der Exzentrizität (normiert)

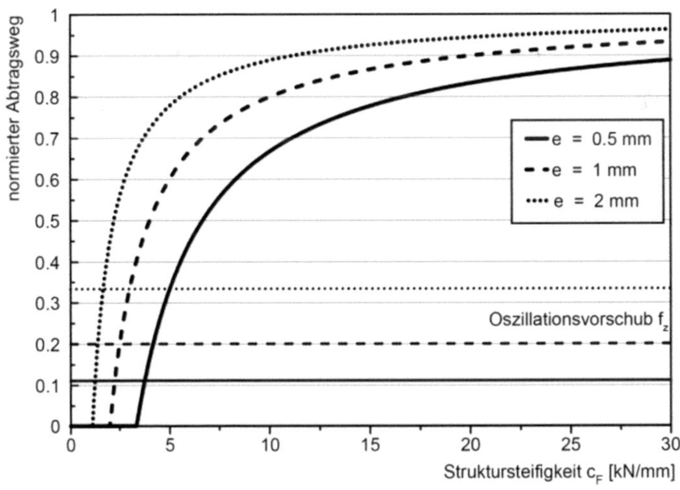

Abbildung 3.17: Einfluss der Exzentrizität (absolut)

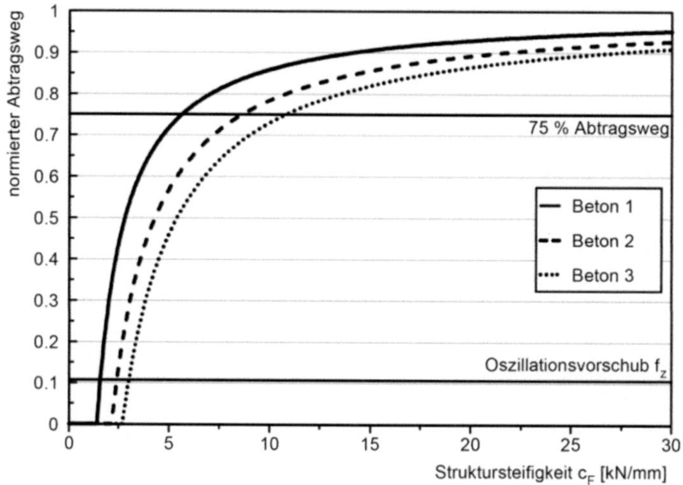

Abbildung 3.18: Eindimensionale, quasistatische Analyse der Beispielszenarien

Diese Analyse der Berechnungsergebnisse liefert die in Tabelle 3.3 aufgelisteten, charakteristischen Steifigkeitswerte.

Tabelle 3.3: Charakteristische Größen der Testszenarien (1D-Modell)

	Beton 1	Beton 2	Beton 3
Mittlere Abtragskraft (0 bis 180°) [kN]:	3,15	4,82	6,04
Steifigkeit für ersten Materialabtrag [kN/mm]:	1,35	2,13	2,67
Minimal erforderliche Steifigkeit [kN/mm]:	1,59	2,40	3,03
75% - Steifigkeit [kN/mm]:	5,64	8,61	10,77

Demnach muss eine Maschine, die alle 3 Betonsorten bearbeiten kann, mindestens eine Systemsteifigkeit von 3,03 kN/mm aufweisen und für einen effizienten

Abtrag insbesondere von Beton 3 sollte sogar eine Struktursteifigkeit von minimal 10,77 kN/mm gegeben sein.

3.2.2 Zweidimensionales Modell

In diesem Abschnitt wird das eindimensionale, quasistatische Ersatzmodell zu einem zweidimensionalen Modell erweitert. Die Abschätzung des Materialabtrags während eines Oszillationzyklusses in Abhängigkeit von der Maschinensteifigkeit wird dabei analog zur Beschreibung in Abschnitt 3.2.1 betrachtet und als Maß für den Materialabtrag dient die während eines Exzenterumlaufs abgetragene Fläche (A_{Abt}). In Abbildung 3.19 sind die für die Betrachtung benötigten Parameter des zweidimensionalen Abtragmodells dargestellt und als Eingangsgröße dieser Untersuchung dienen die in Abschnitt 3.1.2 gemessenen Quer- ($F_{A,q}(\varphi)$) und Schnittkraftverläufe ($F_{A,s}(\varphi)$).

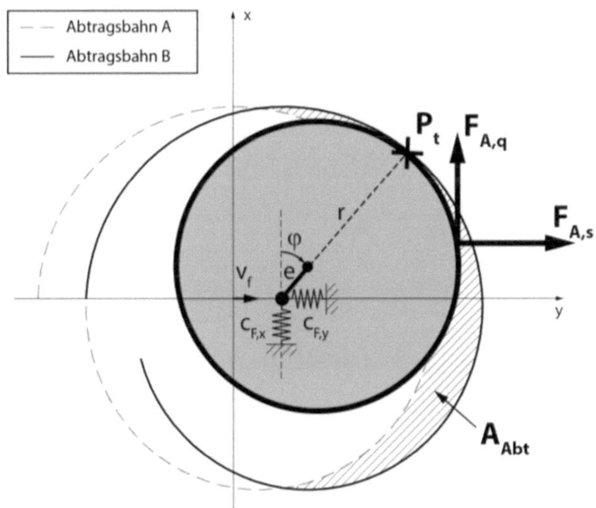

Abbildung 3.19: Zweidimensionales Abtragmodell (Prinzipskizze)

Auf Basis der gemessenen Kraftverläufe wird der Nachgiebigkeitseinfluss ermittelt, indem für jede Exzenterposition (φ) die elastische Verschiebung des Werkzeugs auf Grund der momentan wirkenden Reaktionskräfte bestimmt wird. Zusammen mit den geometrischen Beziehungen der Werkzeugbewegung kann so die elastische Abtragbahn als Differenz der idealen Schnittkurve und der Werkzeugverschiebung durch die Strukturnachgiebigkeit ermittelt werden.

Zur Abschätzung der Schnittfläche wird zunächst eine ideale Abtragbahn (A) bestimmt. Diese stellt die Ausgangs-Betonfront dar, an welcher der definierte Testabtrag stattfinden soll. Wie zuvor beschrieben, dient dazu eine geometrisch ideale Eingriffskurve, um vergleichbare Untersuchungsbedingungen zu schaffen. Für die Berechnung dieser idealen Bahnkurve wird von einer unendlich steifen Maschinenstruktur ausgegangen und die Bahnkurve des tangentialen Diskenberührpunktes (P_t) wie folgend analytisch beschrieben.

$$x_A(\varphi) = cos(\varphi) \cdot (r + e)$$

$$y_A(\varphi) = sin(\varphi) \cdot (r + e) + \frac{f_z}{2\pi} \cdot \varphi \qquad\qquad (3.13)$$

$$(\varphi = 0 \dots 2\pi)$$

Wie bei der Betrachtung des linearen Modells wird im Anschluss der Materialabtrag bei einer Oszillationsbewegung mit maximal möglichem Eingriffsweg bestimmt (vgl. Abschnitt 3.1). Das bedeutet, dass die Schneiddiske in der hinteren Exzenterposition ($\varphi = 270°$) gerade an der Abtragfront anliegt.

Im ersten Berechnungsschritt wird die Maschinennachgiebigkeit vernachlässigt und somit eine ideale Abtragbahn (B) bestimmt, bei welcher der geometrisch maximal mögliche Materialabtrag stattfindet. Diese idealisierte Bahnkurve lässt sich durch Gleichungen (3.14) beschreiben und es ergibt sich die in Abbildung 3.20 a) dargestellte Abtragfläche ($A_{Abt,ideal}$).

$$x_B(\varphi) = x_A(\varphi) = cos(\varphi) \cdot (r + e)$$

$$y_B(\varphi) = sin(\varphi) \cdot (r + e) + \frac{f_z}{2\pi} \cdot \varphi + x_e$$

$$x_e = 2 \cdot e + f_z$$

$$(\varphi = 0 \dots 2\pi)$$

$$(3.14)$$

Im nächsten Schritt wird die Abtragfläche unter Berücksichtigung der Strukturnachgiebigkeit nach Gleichung (3.15) berechnet.

$$x_B(\varphi) = cos(\varphi) \cdot (r + e) - \frac{F_{A,q}(\varphi)}{c_{F,x}}$$

$$y_B(\varphi) = sin(\varphi) \cdot (r + e) + \frac{f_z}{2\pi} \cdot \varphi + 2 \cdot e + f_z - \frac{F_{A,s}(\varphi)}{c_{F,y}}$$

$$(3.15)$$

Die Reaktionskräfte zwischen Werkzeug und Werkstoff bewirken dabei eine Deformation der Maschinenstruktur, so dass die tatsächliche Abtragfläche kleiner als die ideale Abtragfläche ausfällt. Abbildung 3.20 b) zeigt beispielhaft eine abgetragene Fläche unter den gleichen geometrischen Randbedingungen wie bei der idealisierten Analyse jedoch unter Berücksichtigung der Maschinennachgiebigkeit.

Für eine bessere Vergleichbarkeit des Steifigkeitseinflusses kann die Abtragfläche außerdem normiert werden (Gleichung (3.16)). Somit ist auch auf den ersten Blick ersichtlich, welchen Anteil die Schnittfläche an der Gesamtwerkzeugbewegung ausmacht.

$$A_{Abt,n} = \frac{A_{Abt}}{A_{Abt,ideal}} \qquad (3.16)$$

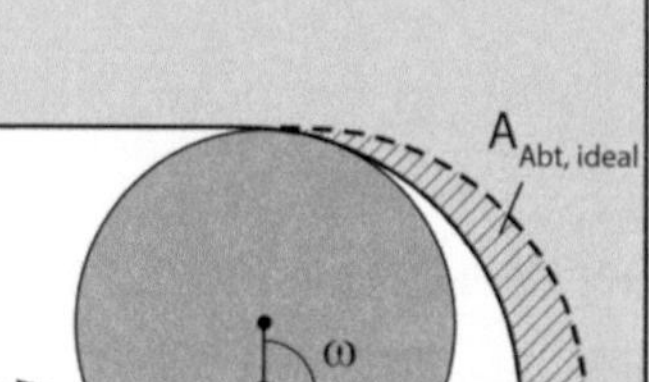

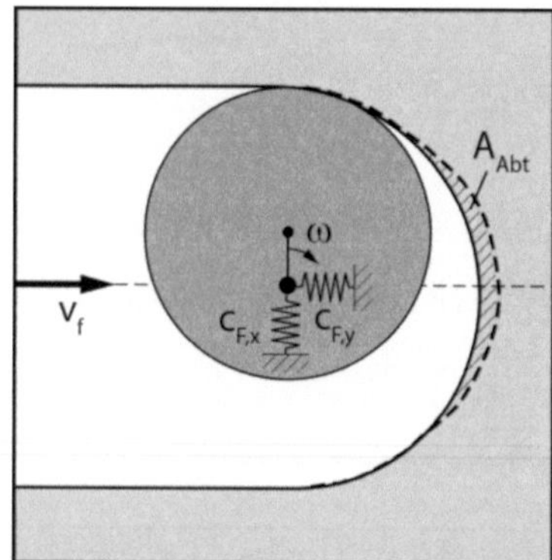

Abbildung 3.20: Veranschaulichung der Abtragfläche im zweidimensionalen Modell

Der beschriebene zweidimensionale, quasistatische Ansatz zur Berechnung der Abtragfläche unter Berücksichtigung der Maschinensteifigkeit wurde in Matlab implementiert und im Folgenden für die drei beispielhaften Abtragversuche aus Abschnitt 3.1.2 ausgewertet. Dazu werden die geometrischen Parameter des

Modells an die realen Werte des Versuchsstandes (Tabelle 3.4) angepasst und die gemessenen Kraftverläufe in Schnitt- und Querrichtung als Eingangsgrößen $F_{A,x}(\varphi)$ und $F_{A,y}(\varphi)$ verwendet.

Tabelle 3.4: Geometrische Parameter des OHT-Testwerkzeugs

Zustellung (a_t):	6 mm
Diskendurchmesser (r_{ODC}):	50 mm
Vorschub je Oszillationsbewegung (f_z):	0,24 mm
Exzentrizität (e):	1 mm

In Abbildung 3.21 sind die Verlaufskurven dieser zweidimensionalen Abschätzungen den eindimensionalen Betrachtungen aus Abschnitt 3.2.1 gegenübergestellt. Es ist deutlich zu erkennen, dass die erforderliche Steifigkeit für den ersten Materialabtrag und die erforderliche Systemsteifigkeit für Schnittanteile über 75 % bei beiden Betrachtungsweisen nahezu identisch sind. Dazwischen weicht der Verlauf der beiden Kennlinien minimal voneinander ab, wobei das zweidimensionale Modell etwas höhere Schnittanteile liefert. Diese Abweichung ist vermutlich darauf zurückzuführen, dass bei der eindimensionalen Betrachtung mit einer über die Oszillationsbewegung gemittelten Abtragkraft und einem stark vereinfachten Werkzeugweg gerechnet wurde.

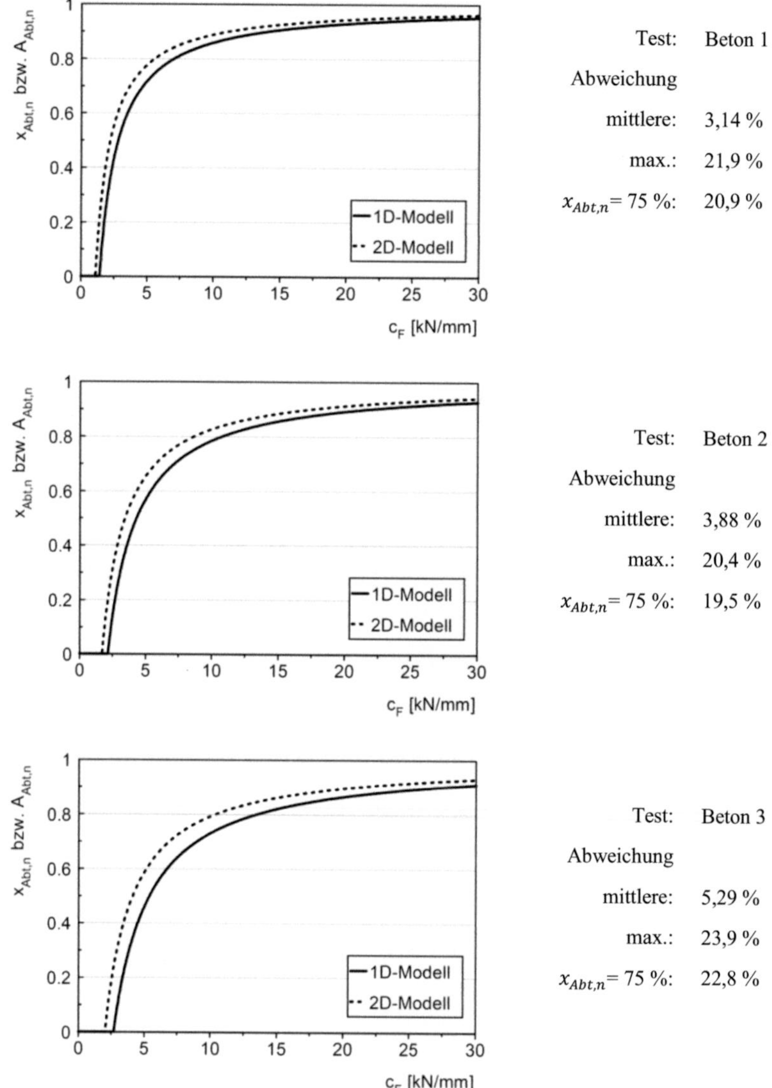

Abbildung 3.21: Vergleich der Ergebnisse aus 1D- und 2D-Abschätzung

Die über den gesamten Kennlinienverlauf gemittelten Abweichungen betragen zwischen 3,14 % und 5,29 %. Unter Berücksichtigung der genannten Modellierungsunterschiede stellt dies eine relativ gute Übereinstimmung der Berechnungsergebnisse dar und die mit ca. 20 % relativ hohen Maximalabweichungen treten nur in einem sehr begrenzten Kennlinienbereich auf. Diese entstehen durch eine relativ kleine Steifigkeitsabweichung beim Einsetzen des Materialabtrags und die sehr große Steigung der Kennlinie in diesem Bereich.

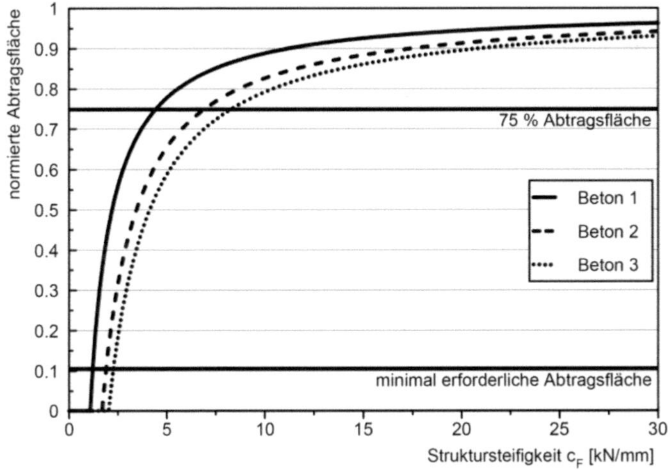

Abbildung 3.22: Zweidimensionale Analyse der Beispielszenarien

Aus den dargestellten Kennlinien der drei Beispielversuche können die charakteristischen Steifigkeitswerte abgelesen werden und sind in Tabelle 3.5 zusammengefasst. Auch hier werden die relativ gute Übereinstimmung mit der eindimensionalen Analyse und die minimal geringeren, erforderlichen Systemsteifigkeiten deutlich. So ist nach der zweidimensionalen Abschätzung für die effiziente Bearbeitung der drei aufgeführten Testkörper beispielsweise mindestens eine Maschinensteifigkeit von 8,31 kN/mm erforderlich.

Tabelle 3.5: Charakteristische Punkte der Testszenarien (2D-Modell)

	Beton 1	Beton 2	Beton 3
Steifigkeit für ersten Materialabtrag [kN/mm]	1,08	1,68	2,04
Minimal erforderliche Steifigkeit [kN/mm]	1,21	1,91	2,27
75% - Steifigkeit [kN/mm]	4,44	6,93	8,31

3.3 Dynamische Analyse mittels der FEM

Mit den quasistatischen Prozessbetrachtungen konnte ein Richtwert für die erforderliche Systemsteifigkeit und die Auswirkungen verschiedener Werkzeugparameter abgeschätzt werden. Im Rahmen dieser ersten Abschätzung wurde der Abtragprozess stark vereinfacht und vor allem dynamische Effekte wie beispielsweise Beschleunigungs- und Trägheitskräfte vernachlässigt. Das dynamische Maschinenverhalten wird hauptsächlich durch die konstruktive Werkzeugumsetzung definiert und kann nur schwer verallgemeinert werden. Zur dynamischen Überprüfung der quasistatischen Untersuchungsergebnisse und zur Abschätzung des prinzipiellen Einflusses der dynamischen Prozessgrößen auf das Abtragverhalten wird der OHT-Prozess im folgenden Abschnitt jedoch mit Hilfe der Finite-Elemente-Methode (FEM) abgebildet.

Die detaillierte Modellierung des Betonabtragprozesses stellt eine äußerst komplexe Aufgabe dar, die wie in Abschnitt 2.3 beschrieben, vor allem die Implementierung eines geeigneten Materialmodells aber auch die realitätsnahe Abbildung des Werkzeugeingriffs und der Maschinenstruktur erfordert. Für die

Abschätzungen im Rahmen dieser Arbeit wird daher nur ein stark vereinfachtes Modell implementiert, dessen Aussagekraft anhand der gemessen Schnittkraftverläufe überprüft wird und erste tendenzielle Aussagen zur dynamischen Steifigkeitsanforderung des OHT-Verfahrens ermöglicht. Für detaillierte, quantitative Analysen müsste dieses FEM-Modell erweitert und ausführlich validiert werden.

3.3.1 Modellaufbau

Die Simulation des Abtragprozesses wurde in der FEM-Software ABAQUS umgesetzt und auf Grund der hohen Prozessdynamik und der großen Materialdeformationen beim Abtragprozess mit dem expliziten Solver berechnet. Im Fokus dieser Analyse steht der eigentliche Abtragprozess, der möglichst unabhängig von einer konkreten Maschinenstruktur abgebildet werden soll. Außerdem hat die Untersuchung zum Ziel, mit möglichst geringem Implementierungsaufwand und geringer Rechenzeit erste Anhaltswerte des dynamischen Systemverhaltens zu bestimmen. Aus diesen Gründen werden nur der Betonprobekörper und die Schneiddiske als Volumenkörper modelliert und die anschließende Maschinenstruktur mit Hilfe von variabel parametrisierbaren Referenzelementen abgebildet.

Der Betonprobekörper stellt das zu bearbeitende Werkstück dar und wurde mit Hilfe des im nächsten Abschnitt beschriebenen Materialmodells als deformierbarer Körper implementiert. Weiterhin wurde am Probekörper eine optimale Eingriffsfront vordefiniert, sodass bei der Simulation einer Werkzeugoszillation ein vollständiger Werkzeugeingriff stattfindet und der in Abschnitt 3.2 beschriebene Testzyklus abgebildet werden kann.

Abbildung 3.23: Vernetztes Modell des Betonprobekörpers

Der Betonprobekörper wurde mit Hilfe strukturierter, hexagonaler Elemente mit einer mittleren Kantenlänge von 1,5 mm vernetzt, wodurch der Probekörper in 35.879 finite Elemente diskretisiert wird (Abbildung 3.23). Die Größe und Anzahl der Elemente hat einen großen Einfluss auf die Rechenzeit und die Qualität der Ergebnisse. Deshalb wurde die Elementgröße anhand ausführlicher Vergleichstests und Qualitätsanalysen [82] gerade so gewählt, dass eine weitere Netzverfeinerung nur noch geringe Auswirkungen auf das Simulationsergebnis hat.

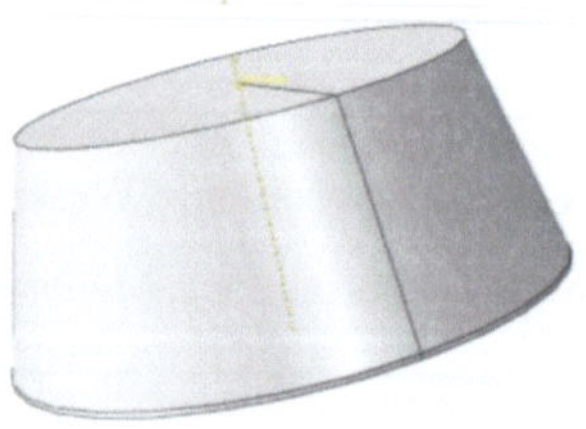

Abbildung 3.24: Modellierung der Schneiddiske als analytisch starren Körper

Die Komponente, die letztendlich für den Materialabtrag verantwortlich ist und an der die Prozesskräfte angreifen, stellt die Schneiddiske dar. Diese wurde nach der in Abschnitt 3.1.1 definierten Geometrie modelliert und entspricht somit der auf dem Prüfstand getesteten Diske. Das Volumenmodell der Schneiddiske wurde als analytisch starrer Körper definiert (Abbildung 3.24). Diese Vereinfachung hat eine deutlich reduzierte Rechenzeit zur Folge, da die Komplexität der Kontaktberechnung und die Anzahl der finiten Elemente deutlich verringert werden, während die Auswirkungen auf das Simulationsergebnis relativ gering sind, da die Verformungen der gehärteten Diske im Verhältnis zu den Betonverformungen minimal sind.

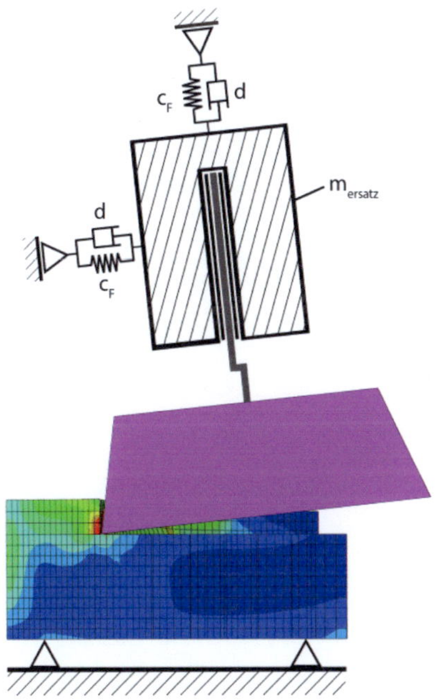

Abbildung 3.25: Kinematik des FEM-Modells

Die Exzenterwelle sowie der daran anschließende Werkzeugantrieb und die Maschinenstruktur wurden im Rahmen der Prozessmodellierung nicht in Form von Volumenkörper abgebildet. Zur vereinfachten Betrachtung wurde die Prozess- und Maschinenkinematik stattdessen durch Referenzelemente und Konnektoren implementiert. Referenzelemente sind Punkte im Raum, die beliebig mit Massen und Trägheiten beaufschlagt werden können und deren kinematisches Verhalten frei definiert werden kann. So ist es beispielsweise möglich, die Position der Punkte im Raum zu fixieren oder eine definierte Bewegung vorzugeben. Mit Hilfe von Konnektoren werden die Referenzelemente gekoppelt. Dabei können Freiheitsgrade beliebig gesperrt oder freigegeben werden und Relativbewegungen können mit Hilfe von Steifigkeits- und Dämpfungskennwerten parametrisiert werden.

Wie in Abbildung 3.25 dargestellt, wurde auf dieser Basis von Referenzpunkten und Konnektoren die Exzenterwelle und die anschließende Maschinenstruktur abgebildet. Auf der Exzenterwelle ist die Schneiddiske drehbar gelagert und durch eine vorgegebene Zwangsbewegung der Welle wird die Werkzeugbewegung initiiert. Die Lagerung der Exzenterwelle erfolgt frei drehbar in einem virtuellen Lagerblock, der mit einer Ersatzmasse (m_{ersatz}) beaufschlagt werden kann und die Prozesskräfte über Feder- (c_F) und Dämpfungselemente (d) gegenüber dem Inertialsystem abstützt. Die Ersatzmasse repräsentiert dabei die auf Grund der Maschinennachgiebigkeit beschleunigte Werkzeugmasse und die Feder- und Dämpfungselemente bilden das dynamische Nachgiebigkeitsverhalten des Abtragwerkzeugs ab.

Mit dieser Vorgehensweise kann der Abtragprozess relativ einfach und unabhängig von einer konkreten Werkzeugumsetzung abgebildet und durch eine Variation der Ersatzparameter eine erste Tendenz für den Einfluss der dynamischen Maschinenparameter ermittelt werden.

3.3.2 Materialmodell

Bei der Wahl eines geeigneten Materialmodells wurde, neben der Eignung zur Abbildung des nichtlinearen Betonverhaltens und des Materialversagens unter mehraxialer Beanspruchung, besonderer Wert auf gut bestimmbare bzw. bekannte Materialparameter gelegt. So konnte für die Modellierung auf Literaturwerte und im Rahmen des Forschungsprojektes [5] messtechnisch ermittelte Parameter zurück gegriffen werden. Bei den experimentell ermittelten Kennwerten erfolgte die Identifikation durch Abdrückversuche an verschiedenen Probekörpern mit den Betonfestigkeiten C20/25 und C30/37. Außerdem orientiert sich die folgende Beschreibung des Materialmodells teilweise an [83].

Wie in Abschnitt 2.3 näher erläutert, wird die Spannungs-Dehnungs-Beziehung von Beton durch drei Bereiche bestimmt. Im Bereich relativ kleiner Spannungen, meist bis zu 40 % der Druckfestigkeit, weist Beton zunächst ein linear-elastisches Verhalten auf. Das elastische Materialverhalten wird mit Hilfe der isotropen, linear-elastischen Spannungs-Dehnungs-Beziehung modelliert und durch den Elastizitätsmodul und die Querdehnzahl definiert.

Tabelle 3.6: Materialparameter für den linear-elastischen
Spannungs-Dehnungs-Bereich

Elastizitätsmodul [N/mm2]:	47.000
Querdehnzahl:	0,2 [84]

Überschreiten die Spannungen den linear-elastischen Bereich, schließt sich ein degressiver Spannungs-Dehnungs-Verlauf an. Dieser setzt sich aus elastischen und einem plastischen Dehnungsanteilen zusammen und endet mit dem Erreichen der Druckfestigkeit und. Die nichtlineare Beziehung wird dabei durch zunächst einzelne Mikrorisse verursacht, die sich bei höheren Spannungen vereinigen, bis sich beim Erreichen der Druckfestigkeit Bruchflächen und Risse parallel zur größten Hauptspannungsrichtung ausbilden. In dieser Arbeit wird der nichtlineare Spannungs-Dehnungs-Bereich bis zum Erreichen der Druckfestigkeit durch Messwerte aus dem einaxialen Druckversuch definiert. Mit dem Modell „Drucker-Prager-Hardening" bietet die Simulationssoftware Abaqus dazu die Möglichkeit, das isotrope Verfestigungsgesetz mittels Fließspannungs-Dehnungs-Messwertpaaren aus dem Zug-, Druck- oder Schubversuch zu definieren.

Tabelle 3.7: Messtechnisch ermittelte Werte der absoluten plastischen Dehnung zur Definition des Verfestigungsgesetzes

Fließspannung [N/mm²]	Absolute plastische Dehnung [10^{-4}]
27,0	0
35,5	0,7
39,0	1,4
41,0	2,0
42,0	2,7
42,5	3,4
43,0	4,0

Erreicht die Spannung die Druckfestigkeit des Betons, beginnt der Entfestigungsbereich und die Größe der negativen Steigung der Spannungs-Dehnungskurve ist dabei ein Maß für die Sprödigkeit des Materials. Darüber hinaus lässt sich die Sprödigkeit aber auch durch die Bruchenergie charakterisieren [46, 83, 85]. Diese Variante wird im Rahmen dieser Arbeit angewandt, wobei zur vollständigen Parametrisierung des fortschreitenden duktilen Schädigungsmodells neben der Bruchenergie noch die Festigkeitsgrenzen und die Spannungstriaxialität notwendig sind (Tabelle 3.8).

Weiterhin wird noch ein Modell zur Beschreibung der Betonfestigkeit unter mehraxialer Beanspruchung benötigt. Nach [86, 87, 85] ist das Drucker-Prager-Versagensmodell, auf Grund der Übereinstimmung mit experimentellen Ergebnissen, gut für die Beschreibung der Betonfestigkeit geeignet.

Tabelle 3.8: Parameter für das fortschreitende duktile Schädigungsmodell

Spannungstriaxialität (Druck):	0,333 [88]
Spannungstriaxialität (Zug):	-0,333 [88]
Bruchdehnung (Druck) $[10^{-4}]$:	4,000
Bruchdehnung (Zug) $[10^{-4}]$:	0,333 [89]
Spez. Bruchenergie (Druck) $[Nmm/mm^2]$:	10 [90]

In der vorliegenden Arbeit wird deshalb ein erweitertes Drucker-Prager-Modell verwendet, welches sich dadurch auszeichnet, dass im Gegensatz zum originalen Drucker-Prager-Modell die Versagenskurve in der Rendulic-Ebene von linearer, hyperbolischer oder exponentieller Form sein kann. [91] gibt Hinweise für die Auswahl der geeigneten Modellvariante und empfiehlt die Verwendung der hyperbolischen Versagenskurve, falls Zugspannungszustände das Systemverhalten maßgeblich beeinflussen. Der Verlauf der hyperbolischen Versagenskurve wird durch die in [91] definierten Kenngrößen der hydrostatischen Anfangszugfestigkeit, des Reibungswinkel (β), des Dilatanzwinkels (ψ) und der Exzentrizität (ε) definiert.

Tabelle 3.9: Parameter zur Beschreibung der Versagenskurve im
hyperbolischen, erweiterten Drucker-Prager-Modell

Hydrostatische Anfangszugfestigkeit [N/mm²]:	2,2
Reibungswinkel (β) [°]:	35 [39]
Dilatanzwinkel (ψ) [°]:	30 [39]
Exzentrizität (ε):	0,1

3.3.3 Modellabgleich und Ergebnisse

Basierend auf dem beschriebenen Materialmodell und den zuvor aufgeführten
Modellparametern wird der Abtragprozess implementiert und die in Abschnitt
3.2 erläuterte, maximale Abtragbewegung abgebildet. Dabei befindet sich die
Schneiddiske im hinteren Totpunkt ($\varphi = -90°$) und tangiert die vordefinierte,
ideale Eingriffsfront. Um die Anwendbarkeit des Modells und der zugrunde
liegenden Methoden zu überprüfen, wird die resultierende Abtragkraft einer
simulierten Schnittbewegung aufgezeichnet und mit dem gemittelten Schnitt-
kraftverläufen der Prüfstandversuche verglichen (Abbildung 3.26). Es ist zu
erkennen, dass die Größe und qualitativer Verlauf der Schnittkräfte gut übereinstimmen. In einigen Bereichen der Diskenbewegung liegt die simulierte Kraft
jedoch deutlich unter den gemessenen Werten. Dies ist vermutlich auf die starke
Vereinfachung der simulierten Maschinenstruktur und Effekte, die in der Simulation nicht abgebildet werden, zurückzuführen. So führt in der Praxis beispielsweise in der Schnittbahn verbleibender Abraum zu einem Anstieg der
Prozesskräfte. Weiterhin fällt auf, dass die Kraft am Bahnende nicht auf null
zurückgeht. Dies rührt von einem bestehenden Kontakt zwischen Diske und
Beton auf Grund der Vorschubbewegung und der geometrischen Randbedin-

gungen. Insgesamt konnte jedoch gezeigt werden, dass die Prozesskräfte des Simulationsmodells mit den gemessenen Werten qualitativ übereinstimmen und das Modell somit eine erste Abschätzung der dynamischen Prozesseinflüsse zulässt.

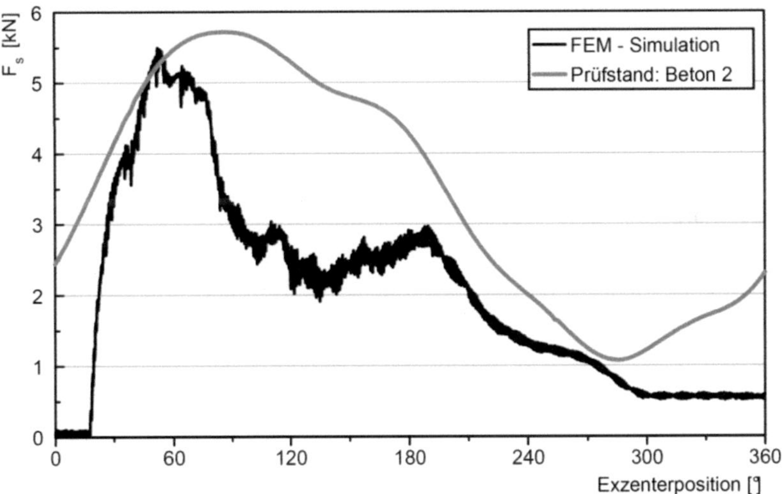

Abbildung 3.26: Vergleich der resultierenden Abtragkräfte aus Messung und FEM-Simulation

Im nächsten Schritt wird das normierte Abtragvolumen ($V_{Abt,n}$) in Abhängigkeit der Maschinensteifigkeit c_F berechnet und zusammen mit den analytisch ermittelten Kennlinien aufgetragen (Abbildung 3.27). Es ist ersichtlich, dass der simulierte Verlauf, im Vergleich zu den analytisch ermittelten Kennlinien, einen steileren Verlauf aufweist. Dieser Effekt ist durch die Vernetzung der Betonstruktur zu erklären. Bei der FEM-Simulation findet der Betonabtrag in diskreten Schritten für vollständige Finite Elemente statt und tritt ein, sobald die Belastbarkeit des gesamten Elements überschritten wird. Dadurch ist die erforderliche Steifigkeit für einen ersten Materialabtrag höher als bei der kontinuier-

73

lichen, analytischen Betrachtung und beim Erreichen der erforderlichen Abtrag-kraft wird sofort eine komplette Elementlage abgetragen. Unter Berücksichti-gung dieses Effekts ist zu erkennen, dass die ausschlaggebenden Struktursteifigkeitsbereiche sehr gut übereinstimmen, was besonders beim Ver-gleich der 50%-Abtragwerte deutlich wird. Diese Betrachtung zeigt, dass der in Abschnitt 3.2 entwickelte analytische Ansatz und die FEM-Analyse ähnliche Anhaltswerte der erforderlichen Maschinensteifigkeit liefern.

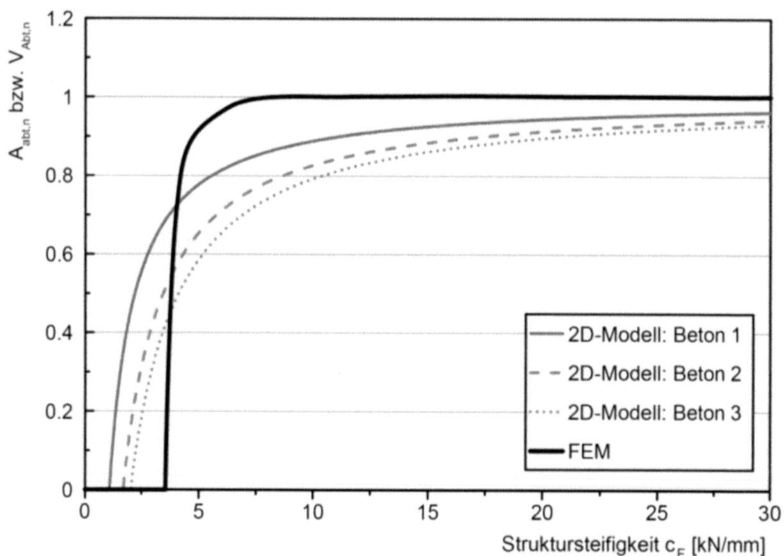

Abbildung 3.27: Vergleich des normierten Materialabtrags aus Berechnungen und FEM-Simulation

Sowohl bei den analytischen Betrachtungen als auch bei der zuvor durchgeführ-ten FEM-Simulation wurde die beschleunigte Masse (m_{ersatz}) zunächst ver-nachlässigt, da die Steifigkeitsanforderung möglichst unabhängig von konkreten Werkzeugumsetzungen analysiert werden sollte. Die auf diesem Wege ermittelten Anforderungen treffen deshalb auf Werkzeugausführungen mit sehr geringen beschleunigten Massen zu und erlauben eine erste Abschätzung der erforderlichen Maschinensteifigkeit. Im weiteren Entwicklungsprozess einer praktischen Werkzeugumsetzung müssen die Anhaltswerte danach anhand konkreter Maschinenanalysen modifiziert werden. Der folgende Teil untersucht dazu den tendenziellen Einfluss der beschleunigten Werkzeugmasse sowie der Werkzeugdämpfung mit Hilfe des beschriebenen Simulationsmodells.

Bei Berücksichtigung der beschleunigte Maschinenmasse (m_{ersatz}), werden in der ersten und der zweiten Hälfte der Oszillationsbewegung zwei verschiedene Effekte identifiziert. Bewegt sich die Diske vom hinteren Umkehrpunkt ($\varphi = -90\,°$) zum vorderen Umkehrpunkt ($\varphi = 90\,°$) werden an der Diske Prozesskräfte erzeugt, die auf Grund der Maschinennachgiebigkeit zu einer Ausweichbewegung der Spindellagerung entgegen der Schnittrichtung führen. Bei relativ geringer Maschinensteifigkeit und Trägheitsmasse sind die Kräfte an der Schneiddiske dabei so gering, dass die Betonfestigkeit nicht überschritten wird und kein Materialabtrag stattfindet. Erst mit zunehmender Maschinensteifigkeit erfordert die Auslenkung der Spindellagerung höhere Kräfte und das abgetragene Betonvolumen nimmt zu. Äquivalent dazu führt auch eine Zunahme der Werkzeugmasse auf Grund der aufzubringenden Beschleunigungskräfte zu höheren Abtragvolumen. Abbildung 3.28 zeigt dazu beispielhaft den Auslenkungsverlauf der Spindellagerung in negative Vorschubrichtung bei einer sehr geringen Maschinensteifigkeit von $c_F = 1\,kN/mm$. Es ist zu erkennen, dass die Lagerauslenkung bei der höheren Trägheitsmasse deutlich geringer ausfällt und somit zu einem höheren Materialabtrag führen muss.

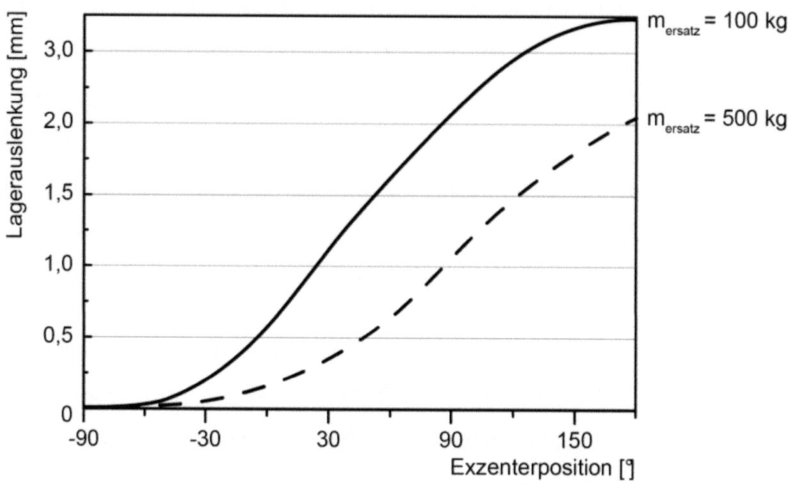

Abbildung 3.28: Auslenkung der Spindellagerung in negative Vorschubrichtung
$(c_F = 1\ \text{kN/mm})$

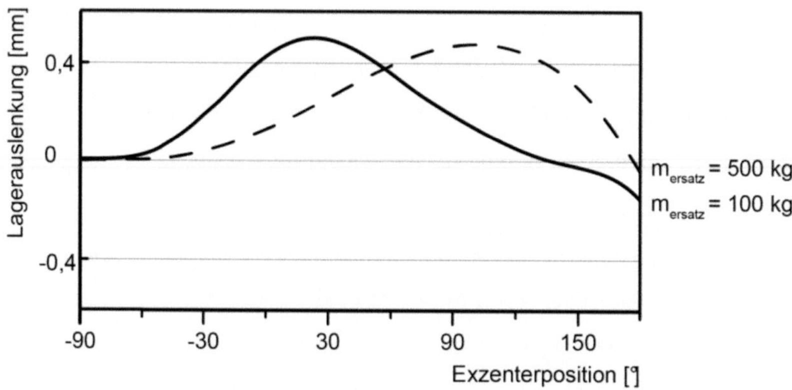

Abbildung 3.29: Auslenkung der Spindellagerung in negative Vorschubrichtung
$(c_F = 25\ \text{kN/mm})$

Ein anderer Effekt tritt nach dem Überschreiten des vorderen Umkehrpunkts, das heißt bei Exzenterwinkeln zwischen 90 und 270°, auf. Durch die Exzenterdrehung bewegt sich der Diskenmittelpunkt in diesem Bereich entgegen der Schnittrichtung und die Schneide wird durch das Rückfedern der vorgespannten Maschinenstruktur gegen die Eingriffsfront gedrückt. Durchläuft der Exzenter den vorderen Totpunkt, besitzt die Spindellagerung jedoch noch eine der Schnittrichtung entgegengesetzte Bewegungsgeschwindigkeit und muss durch die Federkraft erst abgebremst und in die entgegengesetzte Richtung beschleunigt werden.

Je größer die zu beschleunigende Masse, desto höher muss auch die Maschinensteifigkeit sein, um die Schneiddiske schnell genug in die Gegenrichtung zu beschleunigen. Ist die Maschinensteifigkeit zu gering bzw. die Trägheitsmasse zu groß, hebt die Schneiddiske von der Abtragfront ab und befindet sich auf der zweiten Hälfte der Exzenterumdrehung nicht mehr im Eingriff. Somit findet in diesem Bereich kein Materialabtrag statt. Die Lagerauslenkungen im Falle einer geringen Maschinensteifigkeit (Abbildung 3.28) machen deutlich, dass die Ausweichbewegung in diesen Fällen nur sehr langsam verzögert wird und keine Bewegungsrichtungsumkehr stattfindet. Somit findet hier in der zweiten Oszillationshälfte kein Materialabtrag statt. Bei Konfigurationen mit hoher Maschinensteifigkeit (Abbildung 3.29) ist die Abnahme der Lagerauslenkung auf der zweiten Oszillationshälfte hingegen deutlich zu erkennen und es wird außerdem deutlich, dass der Umkehrpunkt der Lagerauslenkung bei geringerer Trägheitsmasse früher erreicht wird und sich die Schneiddiske somit länger im Eingriff befinden kann.

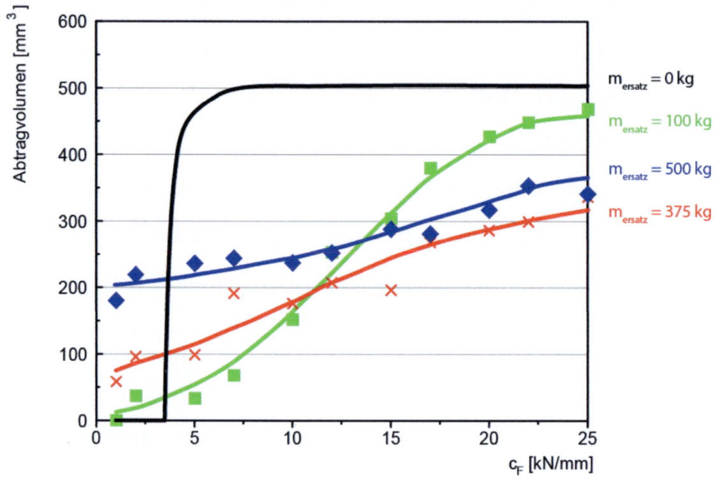

Abbildung 3.30: Simulierte Abtragvolumen bei Variation der Ersatzmasse

Die mit Hilfe des Simulationsmodells ermittelten Abtragvolumen für verschiedene Maschinensteifigkeiten und Trägheitsmassen (Abbildung 3.30) machen deutlich, dass sich die beschriebenen Masseneffekte überlagern. Im Falle kleiner Maschinensteifigkeiten findet schon mit relativ geringen Trägheitsmassen bei der Rückwärtsbewegung des Diskenmittelpunktes kein Materialabtrag mehr statt, so dass in diesem Bereich der trägheitsbedingte Mehrabtrag auf der ersten Oszillationshälfte im Vordergrund steht. In diesem Bereich bewirken steigende Trägheitsmassen somit ein größeres Abtragvolumen. Bei hoher Maschinensteifigkeit kommt hingegen der beschrieben Abhebeeffekt bei der Rückwärtsbewegung der Diske verstärkt zum Tragen. Aufgrund dessen befindet sich das Werkzeug bei geringeren Trägheitsmassen länger im Eingriff und erzeugt somit höhere Abtragvolumen als bei Konfigurationen mit hoher Trägheitsmasse.

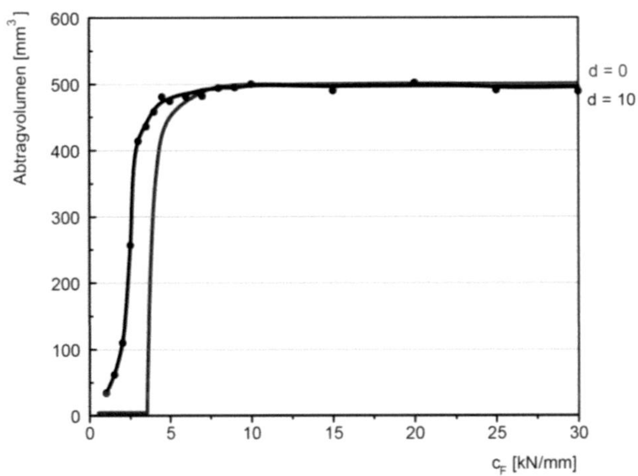

Abbildung 3.31: Simulierte Abtragvolumen bei Variation der Maschinendämpfung

Neben der Trägheitsmasse ist die Dämpfung (d) der Lagerausweichbewegung ein dynamischer Parameter, der den Abtragprozess beeinflussen kann. Wie aus Abbildung 3.31 ersichtlich, verschiebt eine stärkere Dämpfung die Abtragvolumen-Steifigkeits-Kennlinie hin zu niedrigeren Steifigkeiten. Dieser Zusammenhang kann durch die Dämpfungskräfte, die bei einer Ausweichbewegung der Spindellagerung entstehen, erklärt werden. Die Höhe dieser dynamischen Kräfte hängt von der Ausweichgeschwindigkeit ab und wirkt entgegen der Bewegungsrichtung. Somit erzeugt die Dämpfung eine höhere Kraft an der Schneiddiske und führt insbesondere bei relativ geringen Maschinensteifigkeiten zu größeren abgetragenen Betonvolumen.

4 Systemsteifigkeitsanalyse eines Mobilbaggers

Nachdem in Kapitel 3 die Steifigkeitsanforderungen oszillierenden Hinter-schneidverfahrens abgeschätzt wurden, wird in diesem Kapitel die Steifigkeit eines Mobilbaggers durch umfangreiche Untersuchungen analysiert.

4.1 Systembeschreibung

Die Untersuchungen im Rahmen dieser Arbeit konzentrieren sich auf einen hydraulischen Mobilbagger der 10t-Klasse, der im Folgenden angelehnt an [7] näher beschrieben wird. Für eine umfassende Übersicht über die verschiedenen Baggerarten, deren Bauformen und technologische Aspekte wird auf umfangreiche Fachliteratur, wie z.B. [7, 8, 9], verwiesen.

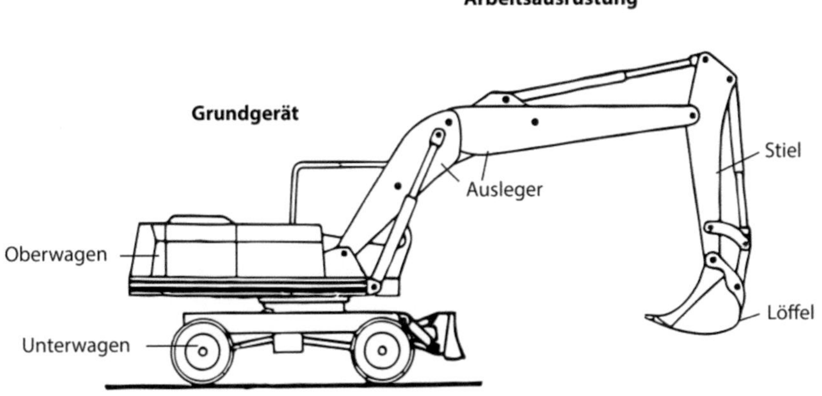

Abbildung 4.1: Hydraulischer Mobilbagger mit Tieflöffel (nach [7])

Ein moderner Hydraulikbagger besteht aus Grundgerät, Arbeitsausrüstung und Werkzeug (Abbildung 4.1), wobei zum Grundgerät Unter- und Oberwagen gehören. Arbeitsbewegungen können sowohl durch Drehen des Oberwagens als auch durch die Bewegung von mindestens drei Schubschwingen (Ausleger, Stiel, Werkzeug), die eine offene kinematische Kette bilden, erzeugt werden.

Das Gestell des Oberwagens trägt den Antrieb, Kühler, Filter, Steuerventile, das Gegengewicht sowie die Fahrerkabine und ist über eine Drehverbindung mit dem Unterwagen gekoppelt. Die Drehverbindung besteht aus Wälzlagern, die zwischen Ober- und Unterwagen angeordnet sind und die Reaktionskräfte weitestgehend spielfrei übertragen. Der Drehantrieb wird dabei durch einen Hydraulikmotor im Oberwagen, der über ein Ritzel in einen Zahnkranz am Unterwagen eingreift, realisiert.

Der Unterwagen besteht aus einer verwindungssteifen Rahmenkonstruktion, meist in Kastenbauweise und starren Spezialachsen. Nur Geräte, die vorrangig mit Tieflöffelausrüstung eingesetzt werden, besitzen teilweise Pendelachsen. Die zusätzliche Pendelbewegung bewirkt eine gute Anpassung an das Gelände und verbessert die Traktion beim Durchfahren von Kurven. Im Stillstand kann die Pendelbewegung über Pendelzylinder gesperrt werden, so dass die Standsicherheit durch eine Vierpunktabstützung gewährleistet ist.

Während die Grundgeräte der Mobilbagger meist identisch sind, werden die technologischen Eigenschaften von der Arbeitsausrüstung bestimmt und es sind vielfältige Varianten und Kombinationsmöglichkeiten am Markt verfügbar. Der Ausleger wird meist als einteiliger Monoblockausleger oder als zweiteiliger Verstellausleger ausgeführt. Bei gleicher Steifigkeit sind Monoblockausleger leichter und billiger, Verstellausleger bieten jedoch Vorteile bei beengten Arbeitsverhältnissen und ermöglichen zusätzliche Funktionen wie das Einstellen einer bestimmten Grabtiefe, Auskipphöhe oder Reichweite. Des Weiteren sind zusätzliche Knickgelenke in der Arbeitsausrüstung und Stielverlängerungen verfügbar, die die Flexibilität der kinematischen Arbeitsbewegungen erhöhen.

Als beispielhaftes Trägergerät für die messtechnische Ermittlung einer Steifigkeitsmatrix und die Adaptionsanalyse des OHT-Verfahrens wird ein Mobilbagger des Typs Liebherr A310 untersucht (Abbildung 3.1). Bei diesem Gerät handelt es sich um einen gängigen Mobilbagger mit einer Gesamtmasse von 10.870 kg, einer Motorleistung von 49 kW und einem Löffelinhalt von 0,38 m^2. Nach [92] stellt dieser eine Reißkraft von 40,6 kN und eine Losbrechkraft von 55,4 kN zur Verfügung, bei einer maximalen Reichweite von 7,8 m und einer maximalen Ausschütthöhe von 5,9 m. Weiterhin besitzt dieses Modell standardmäßig ein Schwenkgelenk zwischen Oberwagen und Ausleger und ist mit einem zweiteiligen, hydraulisch betätigbarem Verstellausleger ausgerüstet. Somit weist die Arbeitsausrüstung 5 Bewegungsachsen auf, die durch die Rotation zwischen Ober- und Unterwagen ergänzt werden. Das Schwenkwerk wird dabei über einen hydraulischen Axialkolbenmotor in Verbindung mit einem Planetengetriebe angetrieben und liefert ein Schwenkmoment von 28 kNm bei einem Schwenkbereich von 360°.

In den nachfolgenden Abschnitten wird das statische Systemverhalten der Baggerstruktur im primären Arbeitsbereich eines Betonabtraggerätes untersucht. Dazu wird das Nachgiebigkeitsverhalten messtechnisch erfasst und bildet die Grundlage zur Abschätzung der Adaptionsmöglichkeiten und der Gesamtsystemanalyse. Weiterhin können die ermittelten Ergebnisse auch als Richtwerte für andere Anwendungsfälle gelten und könnten insbesondere bei der Implementierung automatischer Bahnführungssysteme von Interesse sein, da die Lastnachgiebigkeit die Bahngenauigkeit maßgeblich beeinflusst.

4.2   Gesamtsystemanalyse

Beim Materialabtrag wirken Arbeitskräfte zwischen Werkzeug und Werkstück. Im Falle eines Baggeranbaugeräts werden diese Reaktionskräfte über die Komponenten des Auslegers, den Ober- und Unterwagen und das Fahrwerk gegen den Boden abgestützt. Durch die Nachgiebigkeit des Systems kommt es als Folge der wirkenden Kräfte zu einer Verschiebung der Komponenten und somit auch des Anbauwerkszeugs. Gleichung (4.1) beschriebt den allgemeinen Zusammenhang zwischen Kräften und Verformungen elastischer Systeme mit mehreren Freiheitsgraden [93].

$$
\begin{bmatrix}
K_{11} & K_{12} & \cdots & K_{1n} \\
K_{21} & K_{22} & \cdots & K_{2n} \\
\vdots & \vdots & \cdots & \vdots \\
K_{n1} & K_{n1} & \cdots & K_{mn}
\end{bmatrix}
\begin{bmatrix}
x_1 \\ x_2 \\ \vdots \\ x_n
\end{bmatrix}
=
\begin{bmatrix}
F_1 \\ F_2 \\ \vdots \\ F_n
\end{bmatrix}
\tag{4.1}
$$

Die Steifigkeitsmatrix setzt sich dabei aus den einzelnen Krafteinflusszahlen (K_{ik}) zusammen. Diese spiegeln die Kraft (F_i) wieder, die an einer Stelle in Richtung (e_i) aufgebracht werden muss, um eine Einheitsverschiebung $x_k = 1$, $x_v = 0$ für $v \neq k$ zu erzeugen [78].

Analog zu Gleichung (4.1) kann auch die Nachgiebigkeitsmatrix $\boldsymbol{H}$ mit den Nachgiebigkeitskomponenten (H_{ik}) definiert werden. Dabei gibt der erste Index (i) die Richtung der Verschiebung in Folge einer Einheitsbelastung in Richtung e_k an.

$$
\begin{bmatrix}
H_{11} & H_{12} & \cdots & H_{1n} \\
H_{21} & H_{22} & \cdots & H_{2n} \\
\vdots & \vdots & \cdots & \vdots \\
H_{n1} & H_{n1} & \cdots & H_{mn}
\end{bmatrix}
\begin{bmatrix}
F_1 \\ F_2 \\ \vdots \\ F_n
\end{bmatrix}
=
\begin{bmatrix}
x_1 \\ x_2 \\ \vdots \\ x_n
\end{bmatrix}
\tag{4.2}
$$

Einwirkende Kräfte können neben den Verschiebungen, die in der Translationsnachgiebigkeitsmatrix (4.2) erfasst werden, auch Verkippungen bewirken. Desweitern erzeugen auch einwirkende Momente Verschiebungen. Unter Berücksichtigung dieser Aspekte ergibt sich im kartesischen Koordinatensystem die Gesamtnachgiebigkeitsmatrix (4.3).

$$\begin{bmatrix} H_{xx} & H_{xy} & H_{xz} & H_{x\varphi_x} & H_{x\varphi_y} & H_{x\varphi_z} \\ H_{yx} & H_{yy} & H_{yz} & H_{y\varphi_x} & H_{y\varphi_y} & H_{y\varphi_z} \\ H_{zx} & H_{zy} & H_{zz} & H_{z\varphi_x} & H_{z\varphi_y} & H_{z\varphi_z} \\ H_{\varphi_x x} & H_{\varphi_x y} & H_{\varphi_x z} & H_{\varphi_x \varphi_x} & H_{\varphi_x \varphi_y} & H_{\varphi_x \varphi_z} \\ H_{\varphi_y x} & H_{\varphi_y y} & H_{\varphi_y z} & H_{\varphi_y \varphi_x} & H_{\varphi_y \varphi_y} & H_{\varphi_y \varphi_z} \\ H_{\varphi_z x} & H_{\varphi_z y} & H_{\varphi_z z} & H_{\varphi_z \varphi_x} & H_{\varphi_z \varphi_y} & H_{\varphi_z \varphi_z} \end{bmatrix} \begin{bmatrix} F_x \\ F_y \\ F_z \\ M_x \\ M_y \\ M_z \end{bmatrix} = \begin{bmatrix} x \\ y \\ z \\ \varphi_x \\ \varphi_y \\ \varphi_z \end{bmatrix} \qquad (4.3)$$

Die Translationsnachgiebigkeiten beschreiben dabei die Beziehungen zwischen Kräften und Verschiebungen in kartesischen Koordinaten. Die Torsionsnachgiebigkeitsmatrix auch Drehnachgiebigkeitsmatrix genannt, spiegelt analog die Verdrehungen infolge von Momenten wieder und der Zusammenhang zwischen Kräften und Verdrehungen bzw. Momenten und Verschiebungen wird mit Hilfe der Kippnachgiebigkeiten bzw. Neigungsnachgiebigkeiten beschrieben [94].

Im weiteren Verlauf dieser Arbeit werden ausschließlich die Translationsnachgiebigkeiten näher untersucht und die Kräfte in den drei kartesischen Hauptkraftrichtungen des ortsfesten Koordinatensystems betrachtet. Nach [94] spielen die Reaktionsmomente beim Fräsen gegenüber den Kräften eine untergeordnete Rolle, was nach den Erfahrungen aus [5] auch auf das OHT-Verfahren zutrifft. Da sich das OHT-Verfahren äußerst unempfindlich gegenüber Winkelabweichungen an der Schneiddiske erwiesen hat [9] sind auch Verkippungen der Anbauplatte für die Untersuchung der Adaptionsfähigkeit des Abtragwerkzeugs von untergeordneter Bedeutung und lassen keine Auswirkungen auf die Prozesssicherheit erwarten.

4.2.1 Beschreibung des Teststands

Abbildung 4.2: Nachgiebigkeitsteststand

Zur messtechnischen Bestimmung der Baggernachgiebigkeit wurde ein Teststand (Abbildung 4.2) aufgebaut. Dieser besteht aus einer Beton-Bodenplatte, um reproduzierbare Rad-Boden-Kontaktbedingungen zu schaffen, und einem Stahlträger zur flexiblen Positionierung der Belastungseinrichtung.

Die Einrichtung zur Einleitung der Prüfkraft und der Aufnahme der Verschiebung wird in Abbildung 4.3 dargestellt. Hauptbestandteil der Belastungseinrichtung ist ein Hydraulikzylinder (1), der mittels einer justierbaren Zylinderaufnahme Kräfte in alle Raumrichtungen aufbringen kann. Die Größe dieser Belastung wird dabei mit einem Zug-Druck-Sensor (2) (HBM U9B S/N:162413050) gemessen, der zwischen Hydraulikzylinder und Messwürfel (3) eingebaut ist. Der Kontakt zwischen Belastungseinrichtung und Messwürfel wurde für eine möglichst orthogonale Krafteinleitung über einen Kugelkopf realisiert.

Abbildung 4.3: Lasteintrag und Erfassen der Auslegernachgiebigkeit

Zur Erfassung der Verschiebungen des Messwürfels und damit der Baggeranbauplatte wurde ein Messgerüst zur Aufnahme einer Messuhr (4) errichtet. Dieses Gerüst ist von der Bodenplatte und dem Trägerbalken der Belastungseinrichtung mechanisch entkoppelt, so dass die Verschiebung des Messwürfels im globalen Koordinatensystem möglichst störungsfrei bestimmt werden kann.

4.2.2 Versuchsdurchführung

Die statische Nachgiebigkeit an der Anbauplatte des Testbaggers wurde an 29 Messpunkten im primären Arbeitsraum eines Betonabtraggeräts gemessen

(Abbildung 4.4). An jedem der 29 Messpunkte wurden sechs Messzyklen durchgeführt, indem über den Messwürfel jeweils eine Prüfkraft in positive sowie in negative X-, Y- und Z-Koordinatenrichtung aufgebracht und dabei die direkten Verschiebungen gemessen wurden. Dabei wurde die Anbauplatte immer horizontal ausgerichtet. In kartesicher X- und Z-Richtung wurde die Anbauplatte mit einer maximalen Prüfkraft von 5 kN belastet und die Testzyklen mit einer Schrittweite von 500 N durchlaufen. Da die Baggerstruktur in Y-Richtung eine deutlich höhere Nachgiebigkeit aufweist, wurde bei diesen Untersuchungen die Prüfkraft auf 2,5 kN beschränkt und die Schrittweite auf 200 N angepasst.

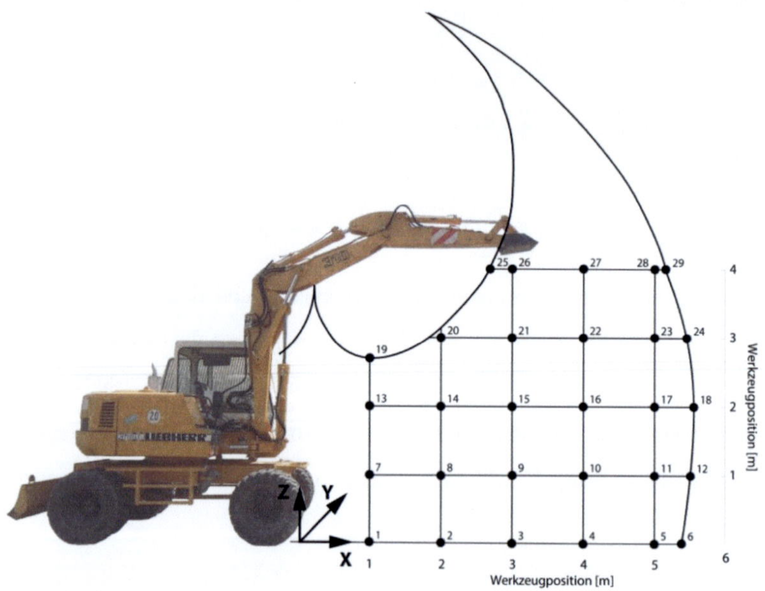

Abbildung 4.4: Messpunkte zur Bestimmung der Nachgiebigkeitslandkarte

Vor der Auswertung der gemessenen Nachgiebigkeitskennlinien wurden die aufgezeichneten Verschiebungsverläufe um die Verschiebungen auf Grund von

Leckagen im Hydrauliksystem des Baggers bereinigt. Dazu wurde für jede Messposition und Messrichtung die Verschiebung des Messwürfels ohne Einwirkung äußerer Kräfte über einen Zeitraum von 3 Minuten aufgezeichnet und eine mittlere Verschiebegeschwindigkeit bestimmt. Auf Basis dieser Geschwindigkeit wurde der Verschiebeweg bereinigt. Dabei ist zu beachten, dass bei diesem Verfahren die Druckabhängigkeit der Leckage [95] nicht berücksichtigt wird. Da die Prüfkraft aber relativ klein ist, bewirkt diese nur eine geringe Änderung der Druckverhältnisse in der Baggerhydraulik und der Ansatz zur Leckagebereinigung führte trotz dieser Vereinfachung zu guten Ergebnissen.

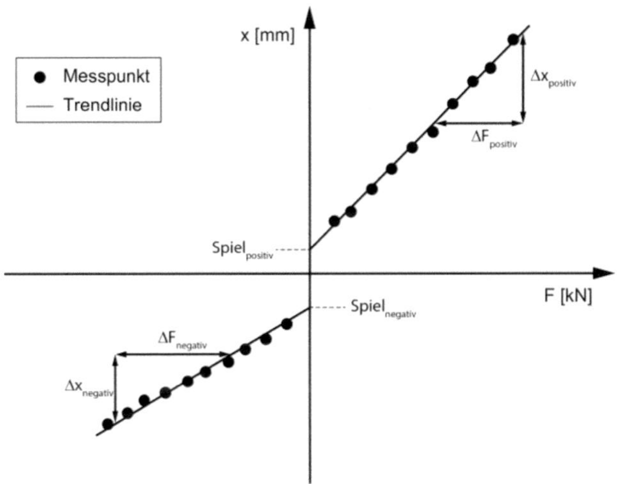

**Abbildung 4.5: Charakteristische Nachgiebigkeitsmessung
an der Anbauplatte**

Abbildung 4.5 zeigt beispielhaft eine charakteristische Messkurve in positive und negative Raumrichtung. Es ist zu erkennen, dass zunächst das Spiel der Komponenten überwunden werden muss. Dieses stellt sich auf Grund der Lose, der Kontaktbedingungen, der inneren Reibung der Gelenke, der Dichtungen und der Schmierstoffe ein [94]. In Y-Richtung geht beispielsweise vor allem auch das Zahnflankenspiel des Drehkranzes ein.

Die Nachgiebigkeit kann aus der Kraft-Verformungs-Kennlinie als Quotient zwischen der Auslenkungsdifferenz (Δx) bei einer definierten Laständerung (ΔF) ermittelt werden. Auf Grund der hydraulischen Nachgiebigkeit und den Volumenverhältnissen in den Hydraulikzylindern ist es möglich, dass sich die Nachgiebigkeiten in positive und negative Raumrichtungen unterscheiden. Aus diesem Grund werden die sechs Koordinatenrichtungen getrennt analysiert und im Folgenden die wichtigsten Ergebnisse der statischen Nachgiebigkeitsuntersuchung vorgestellt.

4.2.3 Ergebnisse

Zur Beurteilung der Nachgiebigkeit an der Baggeranbauplatte werden die gemessenen Kraft-Verformungs-Kennlinien durch eine lineare Trendlinie nach der Methode der kleinsten Fehlerquadrate [96] approximiert. Dabei wird die Verformung bis zum ersten Messpunkt nicht berücksichtigt, um die Nachgiebigkeit weitestgehend unabhängig vom Spiel des Systems zu ermitteln. Abbildung 4.6 bis Abbildung 4.11 zeigen die direkten Nachgiebigkeiten an der Baggeranbauplatte in Form einer Nachgiebigkeitslandkarte und in Anhang B sind die Nachgiebigkeitskennwerte in Tabellenform abgebildet.

In den Darstellungen wird anhand der Farbskalen deutlich, dass die Nachgiebigkeit an der Baggeranbauplatte sehr stark von der Arbeitsposition abhängt. In Y- und Z-Richtung nimmt die Steifigkeit mit wachsender Entfernung vom Unterwagen zu. Dies rührt vor allem daher, dass sich auf Grund der weiteren Auslegerposition die Hebelverhältnisse und damit die Momente um die Drehpunkte des Systems erhöhen. Im Gegensatz dazu nimmt die Nachgiebigkeit in X-

Richtung mit größerer Entfernung der Anbauplatte vom Baggerschwerpunkt ab. Durch die zunehmende Streckung des Auslegers wird in diesem Fall der Kraftfluss über die Hydraulikzylinder geringer und verlagert sich auf Grund der geometrischen Beziehungen mehr auf die Festkörperstruktur des Systems. In Abschnitt 4.4 wird das Nachgiebigkeitsverhältnis der einzelnen Komponenten näher untersucht und es wird deutlich, dass die hydraulische Nachgiebigkeit einen großen Einfluss auf das Gesamtsystem hat, während die Strukturnachgiebigkeit und die Nachgiebigkeit der Gelenke dem gegenüber vernachlässigbar gering sind.

Weiherhin zeigen die Abbildungen, dass sich die Nachgiebigkeitsverläufe in die positive und die jeweils negative Koordinatenrichtung geringfügig unterscheiden, jedoch keine signifikanten Unterschiede aufweisen. Dies kann damit erklärt werden, dass die Nachgiebigkeit der Hydraulikzylinder vor allem in Extrempositionen, das heißt, der Zylinderkolben befindet sich in der Nähe der Anschläge, richtungsabhängig ist. Für eine signifikante Auswirkung dieses Effekts muss der entsprechende Zylinder in Extremposition weiterhin einen verhältnismäßig großen Einfluss an der Gesamtsteifigkeit besitzen. Wie in Abschnitt 4.4 näher untersucht wird, ist dieser Einfluss stark von der Werkzeugposition abhängig und wird von der Größe des Kraftflusses über den entsprechenden Hydraulikzylinder bestimmt.

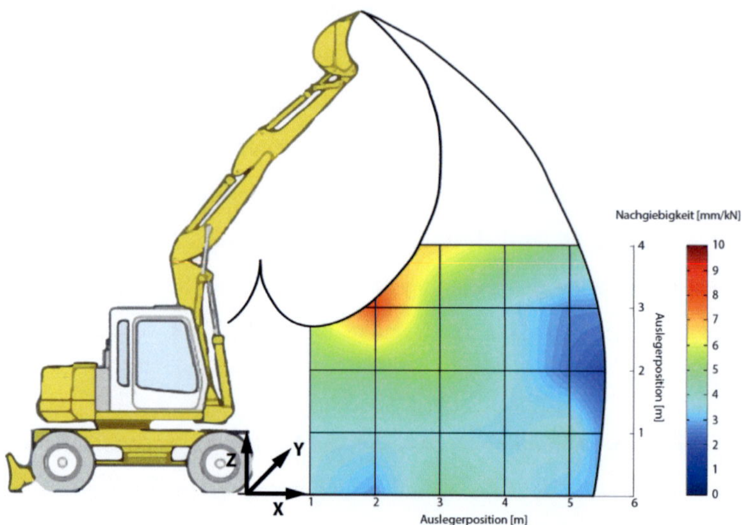

Abbildung 4.6: Nachgiebigkeitslandkarte in Richtung +X

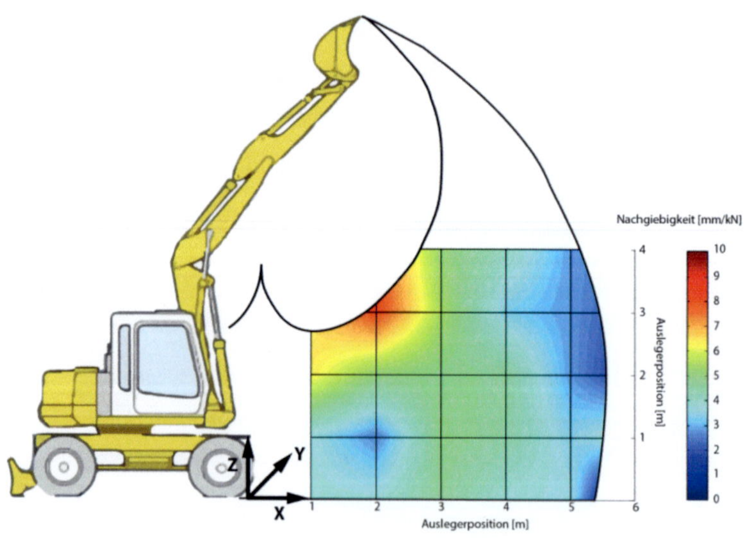

Abbildung 4.7: Nachgiebigkeitslandkarte in Richtung -X

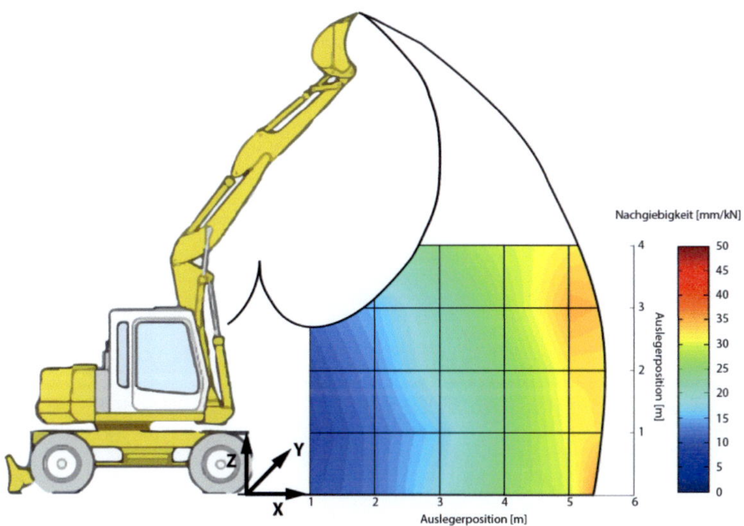

Abbildung 4.8: Nachgiebigkeitslandkarte in Richtung +Y

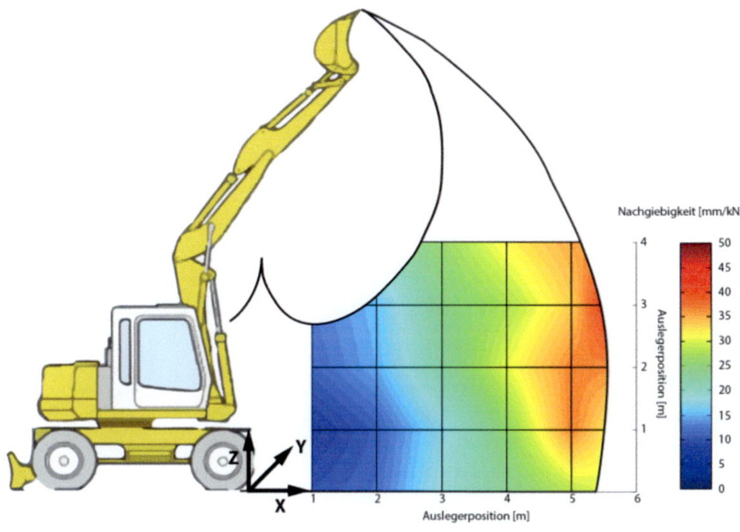

Abbildung 4.9: Nachgiebigkeitslandkarte in Richtung -Y

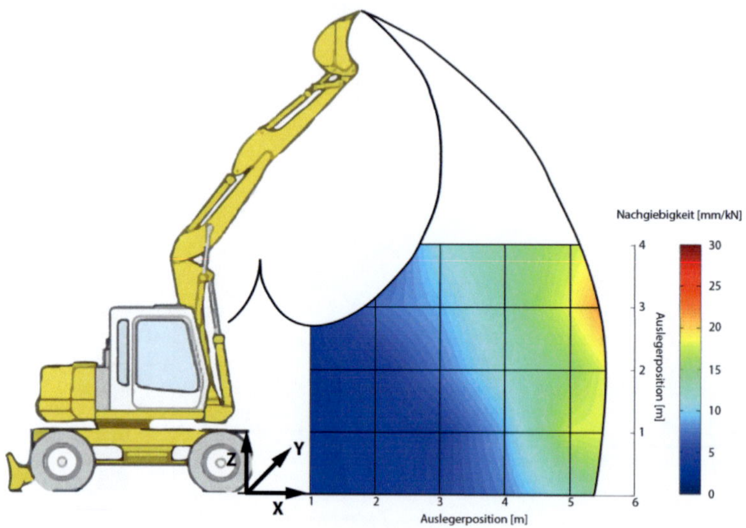

Abbildung 4.10: Nachgiebigkeitslandkarte in Richtung +Z

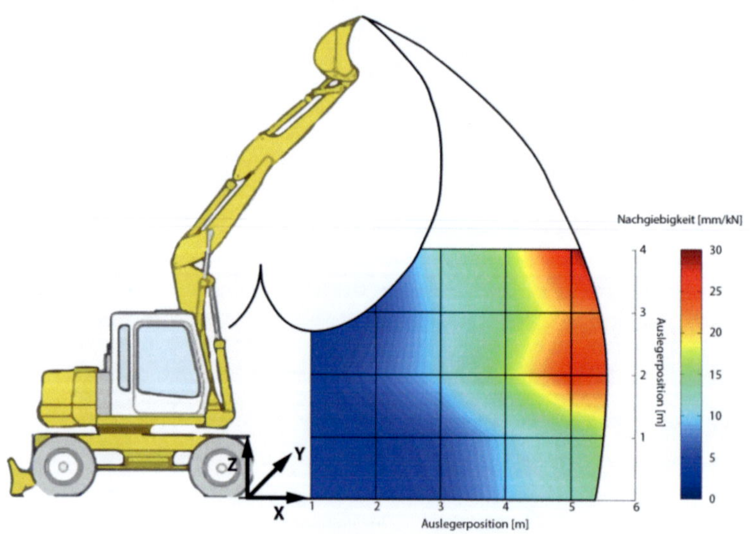

Abbildung 4.11: Nachgiebigkeitslandkarte in Richtung -Z

Die Nachgiebigkeiten entlang der kartesischen Raumrichtungen variieren insgesamt in einem Bereich von 1,9 bis 38,3 mm/kN. Dabei liegen die Nachgiebigkeiten für H_{xx} zwischen 1,9 und 8,2 mm/kN. In Y-Richtung verhält sich der Bagger deutlich weicher. Die Nachgiebigkeiten für H_{yy} bewegen sich in einem Bereich von 8 bis 38,3 mm/kN und liegen damit im Schnitt ca. 450 % über den Nachgiebigkeiten in X-Richtung. Die Nachgiebigkeiten für H_{zz} liegen mit Werten zwischen 2,2 und 30,4 mm/kN dazwischen und übertreffen die Nachgiebigkeit in X-Richtung um ca. 300 %. Mit Hilfe der Gleichungen (4.1) und (4.2) werden aus den gemessenen Nachgiebigkeiten die Baggersteifigkeit an der Anbauplatte ermittelt und in Tabelle 4.1 die charakteristischen Werte aufgelistet.

Tabelle 4.1: Vergleich der direkten Translationssteifigkeiten
an der Anbauplatte

	K_{xx}	K_{yy}	K_{zz}
Maximale Steifigkeit [kN/mm]:	0,526	0,125	0,455
Minimale Steifigkeit [kN/mm]:	0,122	0,026	0,033

Eine Fehlerabschätzung der direkten Messgrößen Kraft und Verschiebung und der folgenden Übertragung auf die indirekte Größe Nachgiebigkeit nach [97, 98] ergibt einen maximalen, zufälligen Messfehler von 4,6 %. Bei dieser Abschätzung wurde einerseits die maximale Linearitätsabweichung des Kraft-Mess-Sensors und die Ablesegenauigkeit der Messuhr sowie weiterhin auch mögliche Unsicherheiten durch Winkelabweichungen bei Krafteinleitung und der Verschiebungsmessung berücksichtigt.

4.3   Gekreuzte Translationsnachgiebigkeiten

Nach [78] spielen die gekreuzten Translationsnachgiebigkeiten bei Werkzeugmaschinen auf Grund deren symmetrischen Aufbaus nur eine untergeordnete Rolle. Da die Baggerkinematik jedoch keinen symmetrischen Aufbau aufweist, werden im folgenden Abschnitt die gekreuzten Translationsnachgiebigkeit an den 6 Messpunkten mit einer Z-Position von einem Meter beispielhaft untersucht.

Wie die direkten Translationsnachgiebigkeiten weisen auch die gekreuzten Nachgiebigkeiten eine große Positionsabhängigkeit auf. Zur Bewertung des durchschnittlichen Einflusses wurden die Werte deshalb über alle gemessenen Positionen gemittelt und als Translationsnachgiebigkeitsmatrix in Abbildung 4.12 dargestellt.

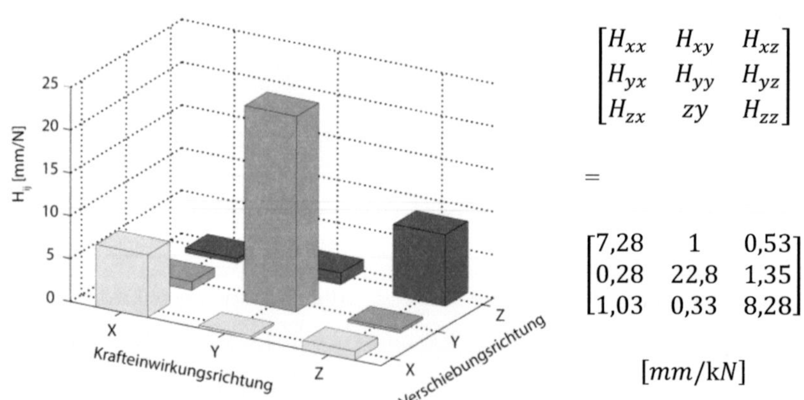

$$\begin{bmatrix} H_{xx} & H_{xy} & H_{xz} \\ H_{yx} & H_{yy} & H_{yz} \\ H_{zx} & zy & H_{zz} \end{bmatrix}$$

$$=$$

$$\begin{bmatrix} 7{,}28 & 1 & 0{,}53 \\ 0{,}28 & 22{,}8 & 1{,}35 \\ 1{,}03 & 0{,}33 & 8{,}28 \end{bmatrix}$$

$$[mm/kN]$$

Abbildung 4.12: Gekreuzte Translationsnachgiebigkeiten
(Mittel über die Messpositionen mit Z = 1 m)

Es wird deutlich, dass trotz des unsymmetrischen Systemaufbaus die gekreuzten Nachgiebigkeiten deutlich kleiner als die direkten Nachgiebigkeiten sind und damit auch bei diesem System nur eine untergeordnete Rolle spielen. Für die weitere Abschätzung der strukturmechanischen Eigenschaften des Mobilbaggers werden deshalb nur die direkten translatorischen Nachgiebigkeiten betrachtet.

4.4 Nachgiebigkeit der Komponenten

In den vorangegangenen Abschnitten wurde die Baggerstruktur als Gesamtsystem betrachtet und lediglich die absolute Nachgiebigkeit an der Anbauplatte des Baggers untersucht, da diese für die Adaptionsanalyse des Anbauwerkzeugs entscheidend ist. An dieser Stelle werden nun die für das Nachgiebigkeitsverhalten verantwortlichen Einzelkomponenten des Baggers näher betrachtet, um einen Eindruck der komponentenspezifischen Nachgiebigkeitsanteile zu erhalten. Dazu wird an der Baggeranbauplatte, bei einer spezifischen Auslegerposition von $X = 4\,\mathrm{m}$ und $Z = 1\,\mathrm{m}$, eine Last von $5\,\mathrm{kN}$ in die verschiedenen Raumrichtungen aufgebracht und während dieser Lasteinleitung die Verschiebungen an den in Abbildung 4.13 benannten Komponenten gemessen. Die Krafteinleitung erfolgt dabei analog zu dem in Abschnitt 4.2 beschriebenen Vorgehen.

Bei dieser Untersuchung der komponentenspezifischen Nachgiebigkeiten wurden die Hydraulikzylinder, das Drehwerk und das Fahrwerk inklusive Räder vermessen. Zur Analyse der zylinderabhängigen Nachgiebigkeiten wurde die Verlagerung der jeweiligen Kolbenposition erfasst und mit Hilfe eines Kinematikmodells deren Auswirkung auf die Absolutverschiebung der Anbauplatte bestimmt. Analog dazu wurde aus den gemessenen Verlagerungen zwischen Ober- und Unterwagen sowie zwischen Unterwagen und Boden auf die Nachgiebigkeitseinflüsse von Drehwerk und Fahrwerk geschlossen. Abbildung 4.14 zeigt die prozentualen Anteile an der Gesamtverschiebung der Anbauplatte.

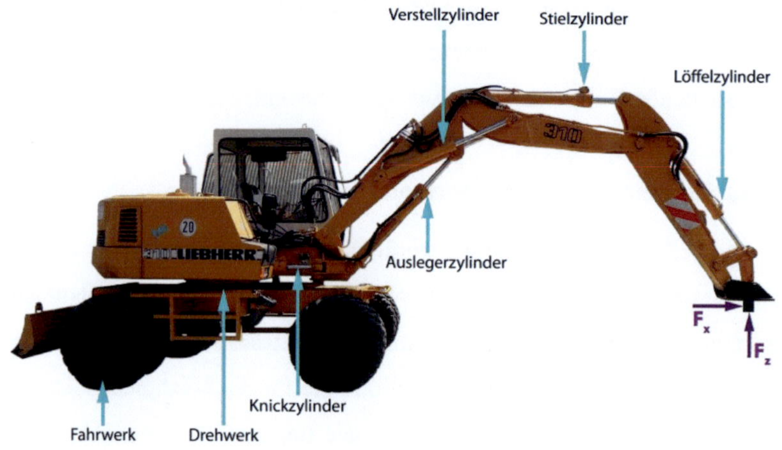

Abbildung 4.13: Elemente des Mobilbaggers für die Analyse der Komponentennachgiebigkeit

Die Nachgiebigkeitsanteile der jeweiligen Hydraulikzylinder unterscheiden sich je Belastungsrichtung deutlich. Dies ist offensichtlich auf den Kraftfluss über die verschiedenen Elemente zurückzuführen. In X-Richtung befindet sich vor allem der Stielzylinder im Kraftfluss und ist für den Hauptteil der Nachgiebigkeit verantwortlich. Außerdem trägt das Fahrwerk insbesondere durch die Nachgiebigkeit der Reifen zur Gesamtnachgiebigkeit bei. Die Nachgiebigkeitsanteile von Ausleger-, Verstell- und Löffelzylinder sind hingegen minimal, da hier der Kraftfluss vor allem über die entsprechenden Gelenke stattfindet. Weiterhin können 22 Prozent der Gesamtverschiebung in X-Richtung bei der Komponentenbetrachtung nicht zugeordnet werden. Das bedeutet, dass dieser Anteil auf Bauteile zurückzuführen ist, die bei der Messung nicht erfasst wurden. Dies sind vor allem die Strukturnachgiebigkeiten der Auslegerbauteile sowie die Nachgiebigkeit der Gelenke zwischen den Komponenten.

Bei der Analyse in Y-Richtung fällt vor allem der hohe Anteil nicht erfasster Verschiebungsanteile auf. Dies ist hauptsächlich auf die Quer- und Momentenbelastung der Auslegergelenke zurückzuführen, die unter dieser Beanspruchung eine relativ hohe Nachgiebigkeit aufweisen.

Es bleibt somit festzuhalten, dass die Gesamtnachgiebigkeit hauptsächlich durch die Hydraulikzylinder, das Fahrwerk und den Drehkranz bedingt ist, aber auch weitere Komponenten, wie beispielsweise die Auslegergelenke, einen entscheidend Beitrag leisten. Gezeigt wird weiterhin, dass die Verschiebungsanteile der einzelnen Hydraulikzylinder sehr stark von der Auslegerposition und der Lastrichtung abhängig sind, da die Kraftverhältnisse und die Größe der Ölvolumen im Kraftfluss deutlich variieren.

Für die Analyse der Gesamtnachgiebigkeit wird deutlich, dass stets alle beschriebenen Komponenten und Effekte berücksichtig werden müssen und eine Vernachlässigung, beispielsweise der mechanischen Auslegerstruktur, zu relativ großen Abweichungen führen würde.

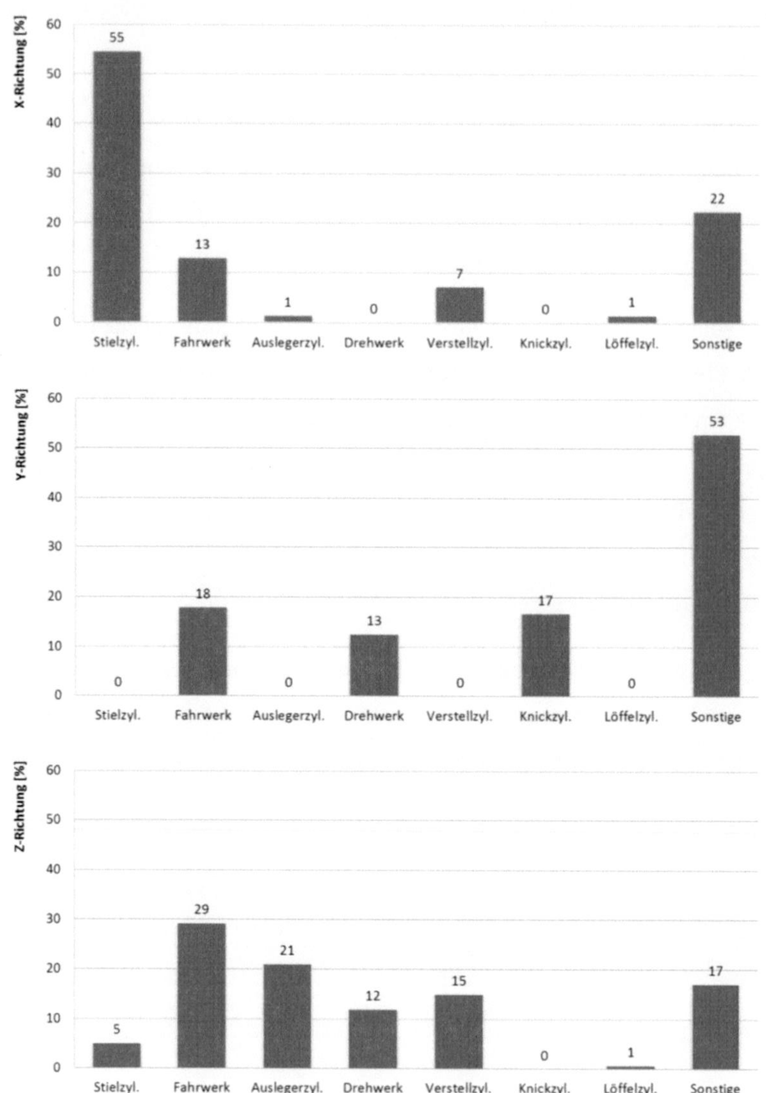

Abbildung 4.14: Aufteilung der Gesamtnachgiebigkeit nach Baggerkomponenten

4.5 Systembewertung und Bedeutung

In diesem Abschnitt werden die wichtigsten Erkenntnisse aus der Analyse des neuen Betonabtragprozesses und der strukturmechanischen Untersuchung des beispielhaften Mobilbaggers zusammengefasst, um im folgenden Kapitel ein mögliches Konzept zur Applikation des OHT-Verfahrens vorzustellen.

Abtragprozess

Die experimentelle Ermittlung der Arbeitskräfte hat gezeigt, dass diese sehr stark von dem zu bearbeitenden Werkstoff und den Prozessparametern abhängen. Für die weitere Abschätzung der Prozessanforderungen wurden deshalb drei beispielhafte Kraftverläufe ausgewählt, die sehr gute Arbeitsergebnisse geliefert haben. Auf Basis dieser Messdaten wurde anschließend sowohl mit verschiedenen analytischen Ansätzen, als auch mit Hilfe einer FEM-Berechnung die erforderliche Systemsteifigkeit abgeschätzt. Diese Untersuchungen haben übereinstimmend zu dem Ergebnis geführt, dass zur Gewährleistung der Funktionsfähigkeit des Abtragprozesses die Werkzeugsteifigkeit an der Schneiddiske mindestens im Bereich von 5 bis 10 kN/mm liegen muss.

Baggersteifigkeit

Die aufwendigen Nachgiebigkeitsmessungen am Beispielbagger haben gezeigt, dass die Steifigkeit an der Anbauplatte vor allem sehr stark von der Werkzeugposition und der Kraftrichtung abhängt. Es wurde auch gezeigt, dass vor allem die direkten Translationsnachgiebigkeiten das Systemverhalten bestimmen und die gekoppelten Nachgiebigkeiten, nur eine untergeordnete Rolle spielen. Weiterhin wurde bei der Untersuchung des Komponenteneinflusses deutlich, dass die Nachgiebigkeiten, die durch das Fahrwerk, die Hydraulikzylinder und das

Drehwerk verursacht werden, in ähnlichem Maße zur Gesamtnachgiebigkeit beitragen. Die Verteilung und Größe der einzelnen Anteile variiert dabei in Abhängigkeit von der Werkzeugposition und der Kraftrichtung. Insgesamt liegen die am Beispielgerät ermittelten Steifigkeiten in einem Bereich von 0,02 bis 0,52 kN/mm.

Bedeutung

Ein Vergleich der erforderlichen Steifigkeitseigenschaften und der gemessenen Systemcharakteristik an der Anbauplatte des Beispielbaggers macht deutlich, dass die zur Verfügung gestellte Steifigkeit um ungefähr zwei Größenordnungen zu gering ist. Es ist somit nicht möglich, die Reaktionskräfte des Abtragprozesses über die Baggerstruktur abzustützen. Auf Grund der hohen Nachgiebigkeit würde die Schneiddiske in diesem Fall keine Oszillationsbewegung ausführen, sondern diese vielmehr in die Baggerstruktur eingeleitet. Für die Adaption des OHT-Prozesses an den Beispielbagger ist es deshalb notwendig, die Prozesskräfte über eine Hilfsstruktur abzustützen.

5 Umsetzung eines Werkzeugprototyps

Aus der Tragfähigkeitstabelle des Beispielbaggers [92] geht hervor, dass die Prozesskräfte des OHT-Verfahrens die Standsicherheit des Baggers nicht überschreiten. Wie in den Kapiteln 3 und 4 ermittelt, können diese aber nicht direkt über die Baggerstruktur abgestützt werden, da die Nachgiebigkeit des Systems zu groß ist. Andererseits soll aber auch die Flexibilität des Anbaugeräts bestmöglich erhalten bleiben, so dass eine feste Verankerung mit der Umgebungsstruktur, z. B. durch Verschrauben, nicht zielführend ist.

Aus diesen Gründen wird im Folgenden ein Werkzeugprototyp konzipiert und in einem Prototyp umgesetzt, der über eine Hilfsstruktur (Rahmen) die Prozesskräfte gegen die Umgebungsstruktur abstützt.

5.1 Konzeption

Zur methodischen Lösung dieser Entwicklungsaufgabe werden nach [99] die zu erfüllenden Funktionen der Werkzeuganbindung zunächst getrennt betrachtet und analysiert. Die erste Funktion stellt dabei eine einfache und flexible Positionierung mit einem möglichst großen Arbeitsradius dar. Weiterhin müssen die beim Arbeitsprozess entstehenden Reaktionskräfte unter Gewährleistung der erforderlichen Struktursteifigkeit abgestützt werden.

In Abbildung 5.1 werden die zu erfüllenden Funktionen zunächst abstrahiert nach dem in [100] beschriebenen Modell „Wirkflächenpaare (WFP) & Leitstützstrukturen (LSS)" dargestellt.

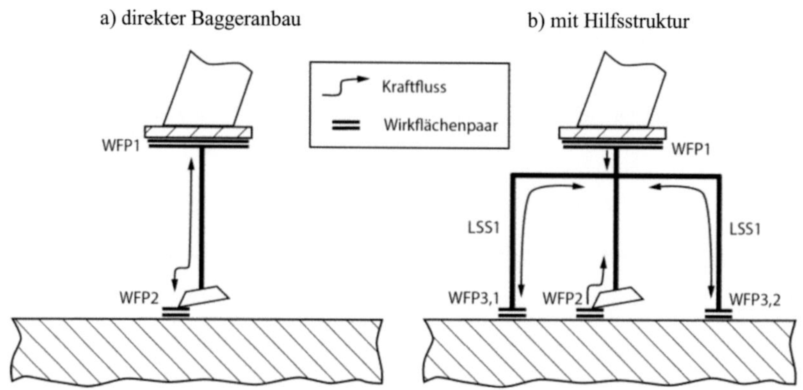

Abbildung 5.1: Funktionsprinzip der angepressten Hilfsstruktur

In dem Wirkflächenpaar WFP1 wird das Anbaugerät mechanisch mit dem Mobilbagger gekoppelt. Wie in Abschnitt 4.1 beschrieben, verfügt der Bagger über eine große Anzahl Freiheitsgrade, deckt ein großes Arbeitsfeld ab und erlaubt außerdem eine sehr präzise Positionierung. WFP2 beschreibt den Kontakt zwischen Schneiddiske und Beton. An diesem Werkzeugeingriffspunkt werden somit die Prozesskräfte in das Anbaugerät eingeleitet. Über die Leitstützstruktur LSS1 werden diese Arbeitskräfte zum Wirkflächenpaar WFP3 geleitet und dort an die umgebende Struktur übertragen. Die Leitstützstruktur wird dabei durch einen Rahmen realisiert und die folgenden Untersuchungen betrachten mögliche Ansätze zur Kraftübertrag im WFP3. Dazu wurden die Kraftübertragung mittels Vakuumsaugplatten und die reibschlüssige Kraftübertragung durch Anpressen des Werkzeugs mit Hilfe des Baggerauslegers analysiert.

5.2 Kraftübertragung mittels Vakuumsaugplatten

Eine Möglichkeit Querkräfte an ebenen Flächen, die keine Angriffspunkte für Greifer oder ähnliche Werkzeuge bieten, zu übertragen, stellt der Einsatz von

Vakuumgreifern dar. Dazu wird im Raum zwischen Greifer und Haltefläche mit Hilfe eines Vakuumerzeugers ein Unterdruck generiert und der Greifer somit durch den Druckunterschied auf die Haltefläche gepresst. Diese Lösung hat den Vorteil, dass sie einfach und ohne manuelle Eingriffe gekoppelt und gelöst werden kann und keine vorbereitenden Arbeiten, wie z.B. das Setzen von Betonankern, erfordert. Andererseits stellt dieses Verfahren aber auch relativ hohe Ansprüche an die Haltefläche. So können Stufen, Absätze und andere Störstellen den Einsatz erheblich erschweren und unebene oder poröse Oberflächen die Haltekraft signifikant reduzieren [101].

Die theoretische Haltekraft eines Vakuumgreifers in Normalenrichtung (F_V) berechnet sich aus dem Vakuumdruck (p) und der Saugtellerfläche (A). Außerdem ist ein Sicherheitsfaktor (S) zu berücksichtigen. Dieser soll Unebenheiten und der Porosität der Oberfläche Rechnung tragen. Nach den Berufsgenossenschaftlichen Vorschriften für Arbeitssicherheit und Gesundheitsschutz (BGV) ist ein Sicherheitsbeiwert von mindestens 1,5 verbindlich vorgeschrieben und sollte bei kritischen, inhomogenen oder porösen Oberflächen sowie bei vertikaler Sauggreiferlage auf $S \geq 2$ erhöht werden. Da im Rahmen der untersuchten Anwendung die Sauggreifer jedoch nicht zum Heben von Lasten eingesetzt werden sollen und auch anderweitig keine direkte sicherheitsrelevante Funktion erfüllt, wird für eine erste Abschätzung der theoretisch benötigten Greiferfläche auf einen Sicherheitsbeiwert verzichtet. Somit wird für eine prinzipielle Anwendbarkeitsuntersuchung die minimal erforderliche Saugfläche ermittelt, welche im Einzelfall dann noch mit einem entsprechenden Sicherheitsbeiwert multipliziert werden muss.

Die theoretische Haltekraft berechnet sich somit nach der Formel:

$$F_V = A \cdot p \tag{5.1}$$

Die übertragbaren Querkräfte von Vakuumgreifern sind jedoch deutlich geringer als die vertikale Haltekraft, da diese nur durch Reibkräfte zwischen Saugteller und Haltefläche übertragen werden können [102]. Somit hängt die Größe dieser Kräfte sehr stark von den Friktionseigenschaften der Materialpaarung ab. Im Fall von Betonbauteilen, die oft eine inhomogene Oberfläche, Fehlstellen oder Einbauten aufweisen, können diese nur schwer allgemein abgeschätzt werden. Für raue Oberflächen nennt [101] jedoch einen Anhaltswert von $\mu_V = 0{,}6$.

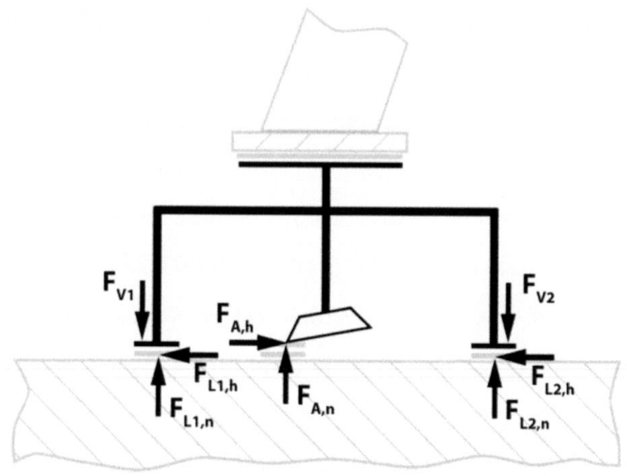

Abbildung 5.2: Kräfte am Anbauwerkzeug beim Vakuumgreifer-Konzept

Während des Abtragprozesses wirken sowohl Reaktionskräfte in Normalenrichtung als auch Schnitt- und Querkräfte, die für die folgenden Untersuchungen vektoriell zur Horizontalkraft ($F_{A,h}$) addiert werden. Im folgenden Abschnitt wird analysiert unter welchen Voraussetzungen sowohl die Normal- als auch die

Horizontalkräfte mit Hilfe von Vakuumgreifern übertragen werden können, so dass die Prozesskräfte komplett von der Baggerstruktur entkoppelt werden können.

In Abbildung 5.2 sind die an der Systemgrenze des Anbaugeräts wirkenden Kräfte an einem ersten Rahmenkonzept dargestellt und für die Abschätzung der Kraftverhältnisse soll von einem symmetrischen Systemaufbau ausgegangen werden, so dass die folgenden Beziehungen gelten:

$$F_{L,n} = F_{L1,n} + F_{L2,n}; \quad F_{L,n} > 0 \tag{5.2}$$

$$F_{L,h} = F_{L1,h} + F_{L2,h} \tag{5.3}$$

$$F_V = F_{V1} + F_{V2} \tag{5.4}$$

Aus dem horizontalen und vertikalen Kräftegleichgewicht folgen weiterhin die Beziehungen:

$$F_{L,h}(t) = F_{A,h}(t) \tag{5.5}$$

$$F_{L,n}(t) = F_V - F_{A,h}(t) \tag{5.6}$$

und mit Hilfe des Reibbeiwerts μ_V und der Normalkraft im Lagerkontakt wird die maximal übertragbare horizontale Arbeitskraft definiert.

$$F_{A,h}(t) \leq \mu\, F_{L,n}(t) \tag{5.7}$$

Durch Einsetzen der Gleichungen (3.7) und (5.6) kann die erforderliche Anpresskraft der Saugplatten (F_V) in Abhängigkeit der geforderten Horizontalkraft, des Reibkraftbeiwerts (μ_V) und des Verhältnisses zwischen normaler und der horizontaler Prozesskraft (i_{nh}) hergeleitet werden.

$$F_{A,h} \leq \mu \cdot (F_V + i_{nh} \cdot F_{A,h})$$

$$F_V \geq \frac{1 + i_{nh} \cdot \mu}{\mu} \cdot F_{A,h} \tag{5.8}$$

Das Verhältnis der Prozesskräfte wurde in Abschnitt 3.1.2 anhand der gemessenen Kraftverläufe analysiert. Dabei hat sich gezeigt, dass i_{nh} in einem Bereich zwischen 0,5 und 1,5 liegt. Zur konservativen Abschätzung der maximal möglichen Horizontalkraft wird deshalb im Folgenden $i_{nh} = 1{,}5$ betrachtet. Auf Basis dieser Prozesskraftmessungen wird außerdem eine minimal zu übertragende Horizontalkraft von 10 kN definiert. Somit ergibt sich aus Gleichung (5.8) eine theoretische erforderliche Anpresskraft des Sauggreifers von $F_V = 31{,}67\ kN$.

Unter optimalen Bedingungen arbeiten Vakuumgreifer nach [102] mit 70 % bis 80 % Vakuum. Auf dieser Basis wird die bei der folgenden Abschätzung mit einem Unterdruck von 253 mbar gerechnet und aus Gleichung (5.1) ergibt sich somit eine minimal erforderliche Saugfläche von 1,25 m². Dies entspricht beispielsweise zwölf handelsüblichen Saugtellern mit jeweils einem Durchmesser von 0,4 m. Es wird schnell deutlich, dass ein Anbaugerät auf dieser Basis eine relativ große Grundfläche einnehmen muss und somit nur auf sehr großen, ebenen Flächen eingesetzt werden kann. Aus diesem Grund scheint diese Lösung eher ungeeignet und wurde nicht weiter verfolgt. Stattdessen wird im folgenden Abschnitt die Möglichkeit einer durch den Bagger angepressten Rahmenstruktur näher analysiert.

5.3 Kraftübertragung mittels angepresster Rahmenstruktur

Analog zu der untersuchten Lösung mittels Vakuumgreifern werden bei einem durch den Bagger angepressten Rahmen die Horizontalkräfte reibschlüssig übertragen. Der Unterschied ist jedoch, dass die Anpresskraft nicht durch Saugplatten sondern über den Baggerausleger aufgebracht wird (Abbildung 5.3).

Bei dieser Lösung wird vom Bagger eine konstante Anpresskraft (F_B) normal zur Bearbeitungsoberfläche aufgebracht und die Übertragung der parallel zur Oberfläche wirkenden Arbeitskräfte erfolgt durch die Reibkräfte ($F_{L,q}$). Voraussetzung für diese Lösung ist jedoch, dass die dynamischen Arbeitskräfte keine wesentlichen Reaktionskräfte an der Baggeranbindung erzeugen und somit keine Verschiebung der Anbauplatte bewirken. Aus diesem Grund wird zunächst die Auswirkung einer Arbeitskraftänderung ($\Delta F_{A,n}$) auf die Koppelkraft an der Baggeranbindung untersucht. Die Betrachtung erfolgt dabei beispielhaft in Normalenrichtung, gilt jedoch analog in Horizontalenrichtung.

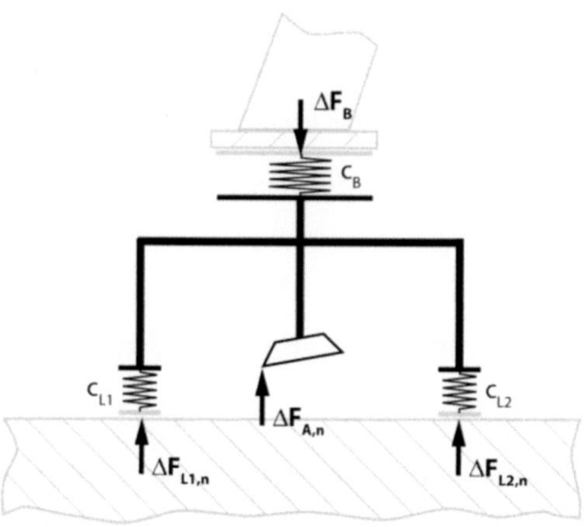

Abbildung 5.3: Kräfte am Anbauwerkzeug bei der Lösung mit angepresstem Rahmen

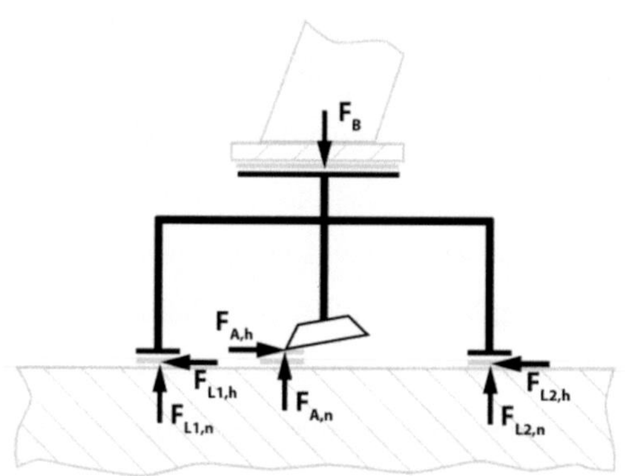

Abbildung 5.4: Auswirkungen einer dynamischen Arbeitskraft in Normalenrichtung

Auf Basis des in Abbildung 5.4 dargestellten Ersatzmodells wird die Änderung der Anpresskraft (ΔF_B) und die Änderung der Lagerkraft ($\Delta F_{L,n}$) in Abhängigkeit der Kontaktsteifigkeiten c_B und c_L bestimmt.

Aus dem Erhalt des Kräftegleichgewichts ergibt sich die Gleichung

$$\Delta F_{A,n} + \Delta F_{L,n} - \Delta F_B = 0 \qquad (5.9)$$

und aus dem Hookeschen Gesetz folgen die Bedingungen

$$\Delta x = \frac{\Delta F_B}{c_B} = -\frac{\Delta F_{L,n}}{c_L}$$

$$\Delta F_B = -\Delta F_{L,n}\frac{c_B}{c_L} \qquad (5.10)$$

$$\Delta F_{L,n} = -\Delta F_B\frac{c_L}{c_B} \qquad (5.11)$$

Durch Einsetzen der Gleichungen (5.10) und (5.11) in den Ausdruck (5.9) ergeben sich die Änderungen der Anpress- und Lagerkraft in Abhängigkeit der Kontaktsteifigkeiten.

$$\Delta F_B = -\frac{\Delta F_{A,n}}{1 + \frac{c_L}{c_B}} \qquad (5.12)$$

$$\Delta F_{L,n} = \frac{\Delta F_{A,n}}{1 + \frac{c_B}{c_L}} \qquad (5.13)$$

Mit der Annahme, dass die Kontaktsteifigkeit des WFP2 (c_L) im Vergleich zur
Baggersteifigkeit (c_B) sehr viel größer ist, wird deutlich, dass die Änderung der
Anpresskraft gegen Null geht. Das heißt, die Vorspannkraft an der Baggeran-
bauplatte bleibt konstant und es tritt keine Verschiebung des Werkzeugs auf

Grund der Baggernachgiebigkeit auf, solange die vertikale Arbeitskraftkomponente die Anpresskraft nicht übersteigt.

Auf diese Basis ergibt sich aus der Gleichgewichtsbedingung in Normalenrichtung Gleichung (5.14) zur Beschreibung der momentanen Normalkraft im Kontakt WFP2.

$$F_{L,n}(t) \;=\; F_B - F_{A,n}(t) \quad mit \quad F_B = konst. \qquad (5.14)$$

5.3.1 Übertragung der Horizontalkräfte

Die im Reibkontakt übertragbare Horizontalkraft hängt analog zu Abschnitt 5.2 vom Reibbeiwert der Kontaktfläche (μ), dem Verhältnis zwischen den Arbeitskräften in Normalen- und Horizontalenrichtung (i_{nh}) sowie der Anpresskraft (F_B) ab. Umgeformt nach der übertragbaren Horizontalkraft ergibt sich aus Gleichung (5.8) der folgende Zusammenhang.

$$F_{A,h}(t) \;\leq\; \frac{\mu}{1 + i_{nh} \cdot \mu} \cdot F_B \qquad (5.15)$$

Zur Berechnung der maximalen Horizontalkraft wird die Anpresskraft des Rahmens für den Anwendungsfall einer Bodenbearbeitung beispielhaft abgeschätzt. Dabei setzt sich F_B aus dem Eigengewicht des Anbaugeräts (1.650 kg) und einem Anteil des Baggergewichts (10.560 kg) zusammen. Der Anteil des Baggergewichts ist von der Entfernung des Anbaugeräts zum Baggerschwerpunkt abhängig und wird mit Hilfe eines einfachen Kinematikmodells ermittelt. Es wird näherungsweise davon ausgegangen, dass sich der Schwerpunkt des Baggers in der Mitte zwischen den Radachsen befindet. Über das Momentengleichgewicht ergibt sich somit bei vollständig entlasteter Vorderachse eine minimale Anpresskraft von 34,3 kN und eine maximale Anpresskraft von 54,4 kN. Die maximale Anpresskraft kann dabei aufgebracht werden, falls das Anbaugerät nahe am Bagger eingesetzt wird.

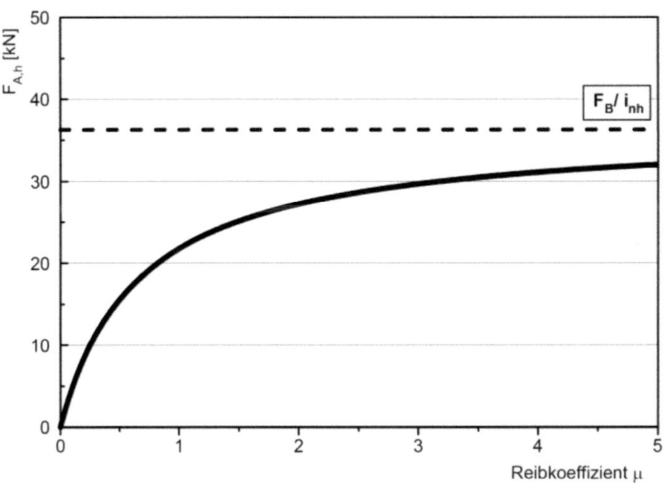

Abbildung 5.5: Verlauf der maximalen Horizontalkraft in Abhängigkeit von μ

Der Verlauf der maximal übertragbaren Horizontalkraft in Abhängigkeit des Reibkraftbeiwerts in Abbildung 5.5 zeigt, dass die zulässige Horizontalkraft mit steigendem μ schnell zunimmt und sich für unendlich große Reibbeiwerte theoretisch an die durch das Kräfteverhältnis geteilte Anpresskraft annähern würde. In Abbildung 5.6 ist die übertragbare Horizontalkraft für die Extremfälle der minimalen und der maximalen Anpresskraft dargestellt. Die zutreffende Kraft $F_{A,h}$ liegt somit zwischen diesen beiden Kennlinien.

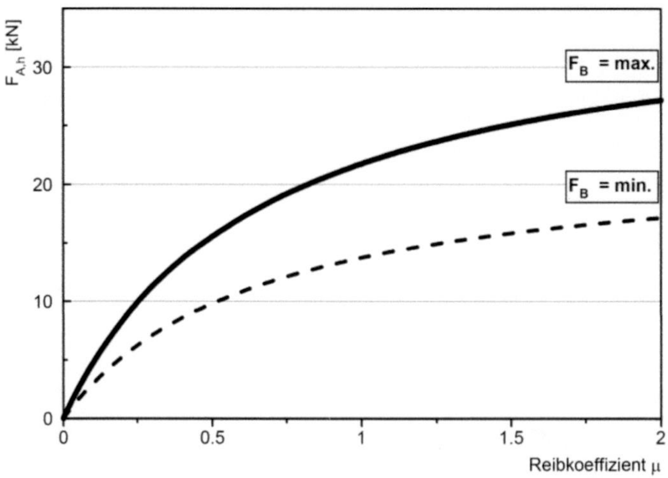

Abbildung 5.6: Maximale Horizontalkraft bei verschiedenen Anpresskräften

5.3.2 Ermitteln des Reibbeiwerts

Aus Gleichung (5.8) und Abbildung 5.5 wird deutlich, dass die Eigenschaften des Reibkontakts zwischen der Betonoberfläche und dem Abtragwerkzeug entscheidenden Einfluss auf die möglichen Arbeitskräfte haben.

Der Friktionskontakt zwischen Betonoberflächen und Stahlstrukturen wurde schon sehr früh untersucht [103, 104, 105]. In [106] wurde beispielsweise der Reibbeiwert zwischen Stahlgurten und aufgespannten Betonfertigteilen unter verschiedenen Randbedingungen analysiert und dabei Reibbeiwerte zwischen 0,589 und 0,766 ermittelt. Weiterhin wird nach [107] der Reibungsbeiwert bei walzrauen Stahlprofilen ohne Beschichtung auf Betonoberflächen mit 0,5 angenommen. Bei diesen Untersuchungen wurde auch deutlich, dass die ermittelten Reibbeiwerte relativ stark variieren und vor allem von der Oberflächenbeschaffenheit und -behandlung des Stahls sowie des Betons, aber auch von den geometrischen Randbedingungen des Reibkontakts abhängen. Aus diesem Grund wird für die weiteren Untersuchungen der Reibbeiwert am vorgestellten Prototyp (Abschnitt 5.4) messtechnisch ermittelt.

Der Reibbeiwert wird durch die maximale Reibkraft ($F_{R,\mathrm{max}}$) und die Normalkraft (F_N) definiert.

$$\mu = \frac{F_{R,max}}{F_N} \qquad (5.16)$$

Zur experimentellen Bestimmung des Reibbeiwerts am Prototyp wurde dieser auf einer Testfläche positioniert. Die Normalkraft entsprach der Gewichtskraft des Prototyps (16,5 kN) und die Aufstandsfläche wird von sechs Stahlplatten mit einer rechteckigen Kontaktfläche von 80 auf 160 mm und plangefräster Oberfläche gebildet.

Bei den Reibversuchen wurde die Relativverschiebung zwischen dem Werkzeugrahmen und der Betonoberfläche mittels zweier Messuhren bei stufenweiser Querkraftaufbringung gemessen. Dabei wurden die stufenweisen Lasterhöhungen mit sehr langsamen Änderungsgeschwindigkeiten ausgeführt. Untersuchungen zur Relativgeschwindigkeitsabhängigkeit des Reibbeiwerts in [108] zeigen einen deutlichen Einfluss der Geschwindigkeit auf das Reibverhalten (Abbildung 5.7).

Dieser Effekt kann im Falle des OHT-Prozesses jedoch vernachlässigt werden, da die maximale Translationsgeschwindigkeit der Schneiddiske bei einer Exzentrizität von 1 mm und eine Oszillationsfrequenz von 50 Hz bei 0,28 m/s liegen. Nach [108] hat die Relativgeschwindigkeit auf der Reibfläche aber erst bei deutlichen größeren Werten einen signifikanten Einfluss.

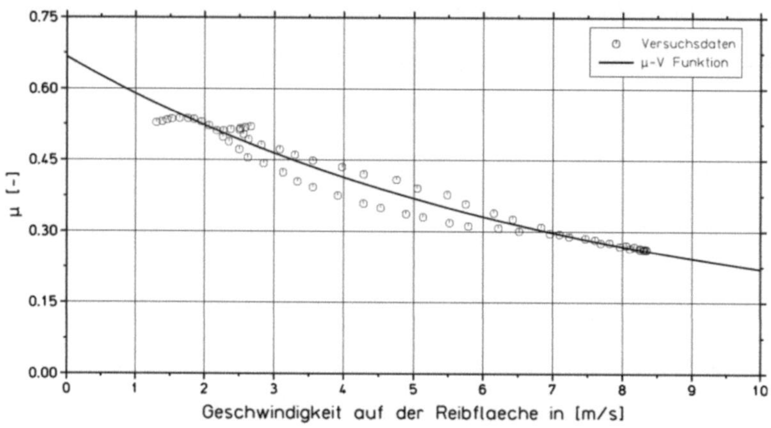

Abbildung 5.7: Einfluss der Relativgeschwindigkeit auf den Reibbeiwert [108]

Die Ergebnisse der Messung zeigen ein typisches Kraft-Verformungs-Verhalten. Der Quotient aus Querkraftänderung $(\Delta F)_q$ und Verschiebungsänderung Δs kann als Kontaktsteifigkeit (c_q) bezeichnet werden [106, 109].

$$c_q(s) = \frac{\Delta F_q}{\Delta s} \qquad (5.17)$$

Der Kontakt weist eine hohe Anfangssteifigkeit auf, was einen steilen Kurvenanstieg bis zum Erreichen von ca. 50 bis 70 % der Reiblast bewirkt. Anschließend nimmt die Steifigkeit bis zum Erreichen der Reiblast, die bei einer Verschiebung von ca. 0,3 mm vorliegt, ab. Ab diesem Punkt ist trotz zunehmendem Schlupf keine Kraftabnahme zu verzeichnen und die Kraft-Weg-Kurve weist ein nahezu ideal-plastisches Verhalten auf (Abbildung 5.8).

116

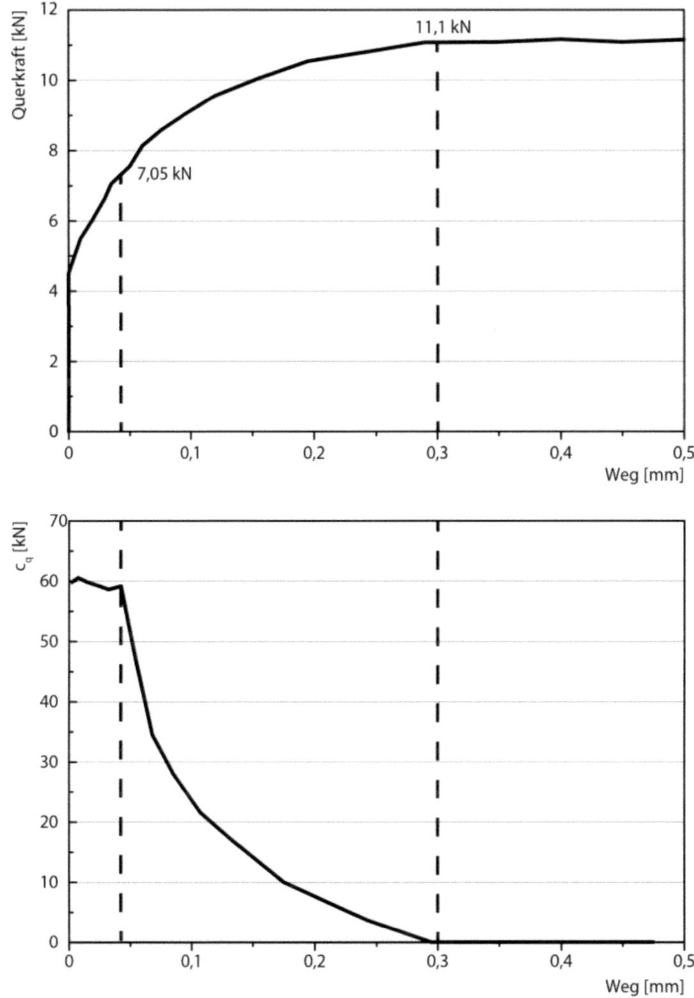

Abbildung 5.8: Querkraft- (oben) und geglättetes Kontaktsteifigkeitsverhalten (unten) bei den Reibbeiwertmessungen

Im Rahmen dieser Arbeit wurden mehrere Reibversuche direkt am Werkzeug-prototyp durchgeführt. Mit der in Abbildung 4.3 beschrieben Belastungseinheit wurde der Prototyp dazu mit einer zunehmenden Horizontalkraft belastet und dabei die Krafthöhe und der Verschiebungsweg des Rahmens aufgezeichnet. Diese Messung wurde an unterschiedlichen Krafteinleitungspunkten durchgeführt und anschließend aus den Normal- und Reibkräften jeweils der Reibbeiwert ermittelt. Dieser messtechnisch bestimmte Reibbeiwert beträgt im Mittel der durchgeführten Versuche $\mu = 0{,}64$. Für die prozesssichere Funktion des OHT-Prozesses ist jedoch ein möglichst hoher Reibwert erforderlich, um Verschiebungen des Rahmens möglichst klein zu halten. Deshalb wird aus der gemessenen Kraft-Weg-Kennlinie zunächst die Quersteifigkeit (c_q) des Kontaktes durch Differenzieren der Kraft-Weg-Kennlinie bestimmt (Abbildung 5.8).

Anhand dieser Kennlinie wird deutlich, ab welcher Verschiebung die zunächst annähernd konstante Kontaktsteifigkeit abnimmt und welche Querkraft an diesem Punkt wirkt. Aus der wirkenden Querkraft von 7,05 kN und der Normalkraft von 16,5 kN ergibt sich somit am Übergangspunkt ein Reibkoeffizient von 0,43. Dieser Ersatzreibbeiwert (μ_e) am Beginn der Steifigkeitsabnahme wird für die weitere Abschätzung der übertragbaren Horizontalkräfte am Werkzeugprototyp verwendet. Auf dieser Basis ergibt sich mit Hilfe von Abbildung 5.6 eine maximal übertragbare Horizontalkraft zwischen 8,9 kN und 14,2 kN.

5.4 Prototyp des Anbaugeräts

5.4.1 Aufbau des Prototyps

Die Untersuchung der Kräfte an einem angepressten Rahmens hat gezeigt, dass die im Reibkontakt übertragbaren Kräfte groß genug sind, um die Prozesssicherheit des OHT-Prozesses zu gewährleisten. Auf Basis dieser Abschätzung und dem Konzept aus Abschnitt 5.1 wird hier die Umsetzung in einem ersten

Anbaugeräteprototyp kurz beschrieben. Ausführliche Informationen zu Entwurf, Auslegung, Konstruktion und Umsetzung des Prototyps sind im Forschungsbericht [5] zu finden.

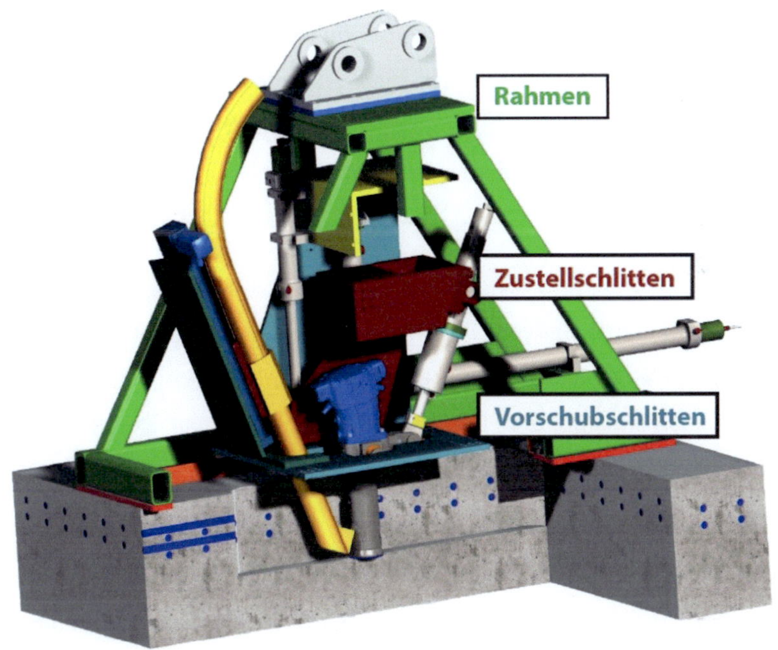

Abbildung 5.9: CAD-Modell des Baggeranbaugeräts [5]

Die Positionierung des Werkzeuges erfolgt mit Hilfe eines Rahmens, der vom Bagger am Abtragungsort angepresst wird. Alle weiteren Freiheitsgrade, die für den Arbeitsprozess erforderlich sind, werden durch im Rahmen integrierte Antriebslösungen realisiert. Dabei ist darauf zu achten, dass die Nachgiebigkeiten des Anbaugeräts und insbesondere die Nachgiebigkeiten der Aktorikfunktionen ebenfalls zur Gesamtsystemnachgiebigkeit beitragen.

Die konstruktive Umsetzung der Vorschubbewegung wird mit Hilfe eines Vorschubschlittens realisiert, der über Schienenführungen mit dem Rahmen verbunden ist und durch einen hydraulischen Aktor angetrieben wird. Analog dazu wird das Anfahren der gewünschten Schnitttiefe mit Hilfe eines Zustellschlittens umgesetzt, der zur Erhöhung der Systemsteifigkeit über eine Kolbenstangenklemmung mechanisch gesperrt werden kann. Außerdem ist zum Eintauchen in das Abtragmaterial und dem Einstellen des Werkzeug-Anstellwinkels eine Schwenkfunktion notwendig. Diese wird ebenfalls mit Hilfe eines Hydraulikzylinders realisiert und kann über eine Kolbenstangenklemmung gesperrt werden. (Abbildung 5.9)

Die Steuerung dieser integrierten Werkzeugfunktionen erfolgt dabei über eine eigenständige SPS-Steuerung des Anbaugeräts und der Antrieb mit Hilfe eines eigenen Hydrauliksystems. Zur Leistungsversorgung wird ein Konstantdruck-Zusatzhydraulikkreis des Baggers benutzt.

5.4.2 *Erprobung und Schlussfolgerungen*

Zur Erprobung des Prototyps wurden vielfältige Abtragtests an Probekörpern durchgeführt. Dabei wurden die Prozessparameter in weiten Bereichen variiert und die Leistungsgrenzen des Gesamtsystems ausgelotet [5].

Bei den Abtragtests wurde das Anbaugerät möglichst nahe am Bagger positioniert und darauf geachtet, dass die Vorderachse durch das Anpressen des Werkzeugs vollständig entlastet ist. Somit wurde die größtmögliche Anpresskraft aufgebracht und die Abschätzung der übertragbaren Horizontalkraft nach Abschnitt 5.3 beträgt 14,2 kN.

Abbildung 5.10: Prototyp des Baggeranbaugeräts

Während der Prototypentests wurden die Vorschubkräfte über die Druckverhältnisse im Vorschubzylinder ermittelt und aufgezeichnet. Dabei hat sich gezeigt, dass bei Vorschubkräften im Bereich von 8 kN bis 11 kN (Abbildung 5.11(a)) noch keine Verschiebung des Rahmens festgestellt werden konnte und die Funktionstests des Abtragwerkzeugs gute Ergebnisse lieferten. Erst Vorschubkraftspitzen zwischen 13 kN und 15 kN (Abbildung 5.11(b)) führten zu Relativbewegungen in den Reibkontakten und somit zu deutlichen Verlagerungen des Anbaugeräts. Somit war ein prozesssicherer Materialabtrag nicht mehr gegeben.

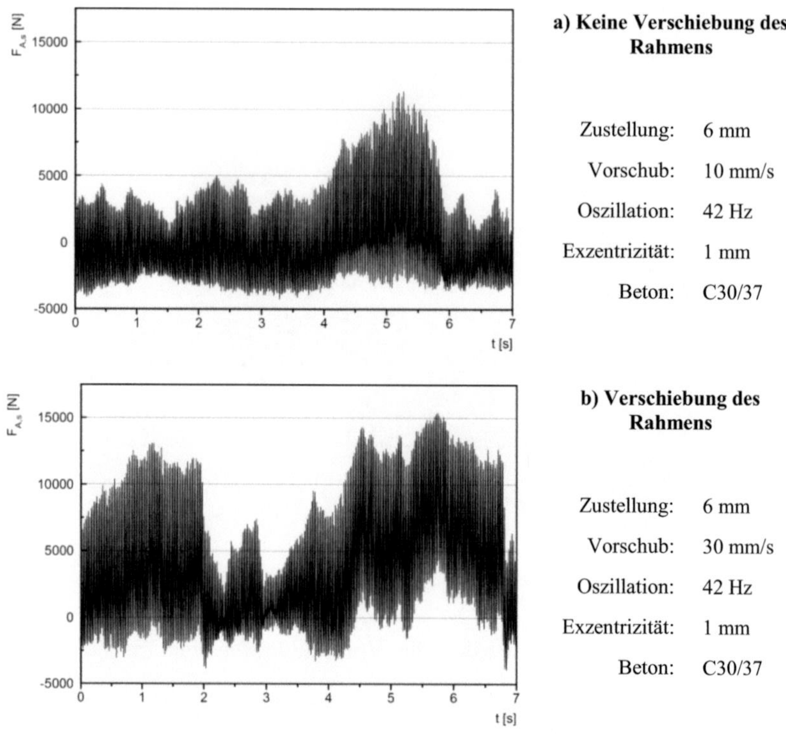

Abbildung 5.11: Beispielhafte Kraftverläufe der Prototypentests

Bei dieser Betrachtung muss beachtet werden, dass die Vorschubkraft nur einen Teil der Horizontalkraft ausmacht und die Querkräfte im Rahmen dieser Tests nicht erfasst wurden. Aus den Untersuchungen in Abschnitt 3.1 ist jedoch zu erkennen, dass die Querkraft im Vergleich zur Schnittkraft nur einen kleinen Teil der Horizontalkraft ausmacht. Somit lässt der Vergleich der gemessenen, maximalen Schnittkraft mit der abgeschätzten, maximal zulässigen Horizontalkraft trotzdem erste Aussagen über die Qualität der Abschätzung zu.

Der Vergleich zeigt, dass die tatsächlich übertragbaren Schnittkräfte genau im Bereich der nach der Abschätzung zulässigen Horizontalkräfte liegen, obwohl die Querkräfte bei der Messung nicht berücksichtigt wurden. Somit liegen die tatsächlich übertragbaren Horizontalkräfte etwas über den abgeschätzten Kräften. Dies lässt sich vermutlich durch die sehr konservative Auswahl des Kraftverhältnisses i_{nh} und des Ersatzreibbeiwerts μ_e erklären. Insgesamt stimmt die Abschätzung der maximal übertragbaren Horizontalkräfte somit sehr gut mit den Ergebnissen der Prototypentests überein und das beschriebene Vorgehen scheint für erste Auslegungsberechnungen gut geeignet zu sein.

Insgesamt bleibt als Ergebnis der Prototypenerprobung festzuhalten, dass das OHT-Verfahren mit Hilfe der Rahmenkonstruktion an den Testbagger adaptiert werden konnte. Außerdem hat sich gezeigt, dass die in Abschnitt 5.3 entwickelten Abschätzungen der übertragbaren Kräfte gute Anhaltswerte für eine erste Systemauslegung liefern. Deutlich wurde aber auch, dass die Prozesskräfte durch die übertragbaren Kräfte im Reibkontakt limitiert werden und die potenzielle Leistungsfähigkeit des Arbeitsprozesses somit eingeschränkt wird.

Wie aus Gleichung (5.8) ersichtlich, ist die maximal mögliche Arbeitskraft von dem Prozesskraftverhältnis zwischen Normal- und Horizontalkraft, der Anpresskraft des Werkzeugs und dem Reibbeiwert zwischen Anbauwerkzeug und Umgebungsstruktur abhängig. Das Kräfteverhältnis i_{nh} ist dabei durch den Abtragprozess vorgegeben und nur sehr bedingt beeinflussbar. Andererseits ist auch die maximale Anpresskraft, die der Bagger aufbringen kann, durch das technische System vorgegeben. Eine Steigerung der Anpresskraft wäre somit nur durch Zusatzeinrichtungen, wie z.B. Verspanneinrichtungen möglich, die die Flexibilität des Werkzeugs jedoch stark einschränken würde. Der effizienteste Ansatz zur Steigerung der möglichen Prozesskräfte wäre somit vermutlich die Eigenschaften des Reibkontakts zu modifizieren. Durch eine Strukturierung der bisher vergleichsweise glatten Kontaktflächen wäre es möglich, den tangentialen Bewegungswiderstand durch verschiedene Reibungs- und Verschleißmechanismen zu erhöhen [108, 110]. Weiterhin wäre es auch denkbar, technische Elemente, die durch die Anpresskraft in die Betonoberfläche eindringen (z.B. Dorne) und somit die Querkräfte teilweise formschlüssig übertragen, einzusetzen. Diese Maßnahmen könnten zu einer signifikanten Steigerung des Reibbeiwerts führen. Wie aus Abbildung 5.5 ersichtlich, bewirkt schon eine relativ geringe Reibbeiwertsteigerung eine deutliche Maximalkrafterhöhung.

6 Zusammenfassung und Ausblick

Beim Rückbau und der Sanierung von Bauwerken muss häufig Beton selektiv und möglichst präzise abgetragen werden. Während am Markt vielfältige Lösungen zum Abtrag einer wenige Millimeter dicken Oberflächenschicht verfügbar sind und aktuell weiterentwickelt werden, stellt die präzise Ausarbeitung geometrischer Strukturen, wie Nuten und Ausbrüche, hohe Anforderungen an das Abtragwerkzeug. Im Rahmen dieser Arbeit werden die heute gebräuchlichen Verfahren für diese Aufgaben kurz erläutert und die Vor- und Nachteile aufgezeigt. Dabei stellt sich heraus, dass diese Abtragverfahren insbesondere hinsichtlich Abtraggenauigkeit, Qualität der erzeugten Oberflächen und der Prozessautomatisierbarkeit deutliche Schwächen aufweisen.

Vor diesem Hintergrund wird die oszillierende Hinterschneidtechnik vorgestellt und die strukturmechanischen Randbedingungen zur Adaption dieses Verfahrens an ein Baggeranbaugerät für den Betonabtrag untersucht. Die oszillierende Hinterschneidtechnik basiert auf aktuellen Schneidtechnikentwicklungen im Bereich des Hartgesteinsabtrags bei Tunnelbau- und Untertageanwendungen und erzeugt relativ hohe Abtragleistungen bei vergleichsweise geringen Arbeitskräften. Weiterhin konnte die prinzipielle Eignung dieses Verfahrens für den gezielten Betonabtrag und vielfältige Vorteile gegenüber heute gebräuchlicher Werkzeuge bereits im Rahmen eines Forschungsprojektes gezeigt werden.

Auf Grund der dynamischen Oszillationsbewegung stellt dieses Abtragverfahren jedoch relativ hohe Anforderungen an die Systemsteifigkeit. Deshalb wurde im ersten Schritt der mechanischen Adaptionsanalyse die minimal erforderliche Struktursteifigkeit, die ein mögliches Trägergerät aufweisen muss, bestimmt. Dabei wurde mit Hilfe verschiedener analytischer und numerischer Modelle eine erforderliche Systemsteifigkeit zwischen 1,22 und 10,77 kN/mm, in Abhängigkeit verschiedener Einsatzszenarien, ermittelt.

Im nächsten Schritt wurde diese Anforderung mit den Systemeigenschaften eines beispielhaften Mobilbaggers verglichen. Bei der messtechnischen Analyse des Beispielbaggers hat sich herausgestellt, dass die Steifigkeit an der Baggeranbauplatte sehr stark von der Arbeitsposition und der Lastrichtung abhängig ist und in einem Bereich zwischen 0,02 bis 0,52 kN/mm liegt. Es wurde deutlich, dass diese Werte für einen direkten Werkzeuganbau deutlich zu gering sind. Aus diesem Grund wurden anschließend verschiedene Konzepte entwickelt und die Umsetzung eines Werkzeugprototyps vorgestellt, welche die Werkzeugadaption auf Basis einer Hilfsstruktur ermöglicht.

Mit Hilfe dieses Prototyps konnte die Funktionsfähigkeit der Werkzeugadaption anhand praktischer Abtragversuche nachgewiesen werden. Im nächsten Schritt könnte das Werkzeug weiterentwickelt und an die Anforderungen einer realen Einsatzumgebung angepasst werden. Dazu wäre es von Vorteil, wenn das Anbaugerät deutlich kompakter und leichter ausgeführt würde. Außerdem wäre es sinnvoll, die analytisch und numerisch abgeschätzte Steifigkeitsanforderung des OHT-Verfahrens durch praktische Versuche zu validieren. Ein Ansatz dazu wäre ein Prozessversuchstand mit variabler Struktursteifigkeit, an welchem die Beschleunigungen der Maschinenstruktur erfasst und in Zusammenhang mit der Struktursteifigkeit und der Prozesseffektivität gebracht werden. Außerdem könnte der Maschinensteifigkeitseinfluss auf die Prozesskräfte ermittelt und die in Kapitel 3 postulierte minimale Steifigkeitsanforderung experimentell bestätigt werden.

Weiterhin stellt die FEM-Modellierung des Abtragprozesses eine sehr komplexe Aufgabe dar und konnte im Rahmen dieser Arbeit nur im Ansatz umgesetzt werden. In weiterführenden Untersuchungen könnten diese Modellierung präzisiert und vernachlässigte Effekte abgebildet werden. Somit könnte die Auswirkung dynamischer Systemeinflüsse, wie beispielsweise Trägheits- und Dämpfungskräfte, auf den Abtragprozess genauer analysiert werden.

Zusammenfassend zeigt diese Arbeit ein mögliches Vorgehen zur maschinendynamischen Anforderungsanalyse eines Betonabtragprozesses und ermittelt die Auslegersteifigkeit eines beispielhaften Mobilbaggers im Hauptarbeitsbereich. Auf Basis dieser Untersuchungen wird ein Anbindungskonzept entwickelt und das Lastübertragungsverhalten zwischen Umgebungsstruktur, Werkzeug und Trägergerät analysiert. Diese Erkenntnisse können zukünftig als Grundlage für die konstruktive Werkzeugumsetzung dienen. Einzelne Teilaspekte wie z.B. die Untersuchung des Lastübertragungsverhaltens und insbesondere die Steifigkeitsmatrizen des Mobilbaggers können aber auch Anhaltswerte bei vielfältigen Fragestellungen darstellen.

Abbildungsverzeichnis

Tabellenverzeichnis

Literaturverzeichnis

[1]   *DIN EN 206-1; Beton - Teil 1: Festlegung, Eigenschaften, Herstellung und Konformität,* 2000.

[2]   Deutsches Atomforum e.V., „Stilllegung und Rückbau von Kernkraftwerken," Deutsches Atomforum e.V., Berlin, 2013.

[3]   J. Lippok und D. Korth, Abbrucharbeiten : Grundlagen, Vorbereitung, Durchführung, Köln: Rudolph Müller GmbH & Co. KG, 2007.

[4]   M. Hood, Z. Guan, N. Tiryaki, X. Li und S. Karekal, „The Benefits of Oscillating Disc Cutting," in *Australian Mining Technology Conference,* Western Australia, 2005.

[5]   S. Reinhardt, R. Weidemann und C. Heise, „Abschlussbericht: Innovativer Abbruch massiger Stahlbetonstrukturen," BMBF Verbundprojekt, Karlsruhe, Schwanau, 2013.

[6]   H. Cohrs, Faszination Baumaschinen - Erdbewegung durch fünf Jahrhunderte, Iesernhagen: Giesel, 1994.

[7]   G. Kunze, H. Göhring und K. Jacob, Baumaschinen, Braunschweig/Wiesbaden: Vieweg Verlag, 2002.

[8]   H. König, Maschinen im Baubetrieb: Grundlagen und Anwendung, Wiesbaden: Vieweg + Teubner Verlag, 2011.

[9]   G. Drees und S. Krauß, Baumaschinen und Bauverfahren, Renningen: Expert-Verlag Gmbh, 2002.

[10]   J. Theiner, „Hydraulikbagger," *Schriftenreihe Baumaschineneinsatz im Baugewerbe, Heft 5,* 1971.

[11]   LST GmbH, „LST Demolition & Recycling - Produkte," [Online]. Available: www.lst-anbaugeraete.de. [Zugriff am 15 08 2013].

[12]   Kinshofer GmbH, „Kinshofer - Produkte," [Online]. Available: www.kinshofer.com. [Zugriff am 12 08 2013].

[13]   Caterpillar Corporate, „Caterpillar - Products," [Online]. Available: www.cat.com. [Zugriff am 11 08 2013].

[14]   Atlas-Kern GmbH, „Atlas-Kern-Produkte," [Online]. Available: www.atlaskern.de. [Zugriff am 15 08 2013].

[15]   Caterpillar Inc., *Hydraulikhämmer für Hydraulikbagger von 12 bis 75 t,* Caterpillar Inc., 2008.

[16]   R. J. Bartels, „Neuere Erkenntnisse bei der Entwicklung von Hydraulikhämmern und hydraulischen Abbruchzangen," *Technische Mitteilungen Krupp, Heft 1,* 1992.

[17]   Atlas Copco, DE, „Noch optimierter Hämmern," *Steinbruch und Sandgrube, Band 103, Heft 2,* 2010.

[18]   O. Meyer, „ Marktübersicht Hydraulikhämmer," *Tiefbau, Ingenieurbau,*

Straßenbau (Band 49, Heft 3), 2007.

[19] S. Gentes, J. Bremmer und P. Kern, „Manipulatorgesteuerter Oberflächenabtrag durch Lasertechnologie (MANOLA)," Institut für Technologie und Management im Baubetrieb (TMB), Karlsruhe, 2012.

[20] A. Ramezanzadeh und M. Hood, „A state of-the-art review of mechanical rock excavation technologies," *International Journal of Mining & Environmental Issues,* 2010.

[21] V. Kauw, „Anwendung der Hochdruck-Wasserstrahl-Technik auf Beton. Aufrauhen, Abtragen und Schneiden von Beton," Fraunhofer IRB Verlag, TH Aachen, Institut für Baumaschinen und Baubetrieb, 1996.

[22] J. Rostami und L. Ozdemir, „Selection, Design Optimisation and Performance Prediction of Tunnel Boring Machines for Mining Operations," in *SME 126th Annual Meeting & Exhibit, Society of Mining Metallurgy and Exploration Inc.,* Denver, Colorado, 1997.

[23] J. Rostami, „Rock cutting tools for mechanical mining," in *SME Annual Meeting, Society of Mining Metallurgy and Exploration Inc.,* Denver, Colorado, 2001.

[24] F. F. Roxborough und H. R. Philips, „Rock excavation by disc cutter," in *International Journal of Rock Mechanics and Mining Sciences & Geomechanics Abstracts,* 1975.

[25] M. Hood und F. F. Roxborough, Rock breaking methods - mechanical rock breaking, Littelton, Colorado: SME Mining Engineering Handbook,

Society for Mining, Metallurgy and Exploration Inc., 1992.

[26]   E. Rabinowicz, Wear and friction of materials, New York: John Wiley and Sons Inc., 1965.

[27]   M. Hood, „Phenomena related to the failure of strong rock adjacent to an indenter,“ *Journal of the South African Institute of Mining and Metallurgy,* 1977.

[28]   X. S. Li, „Experimental studies of disc cutter temperatures,“ in *Fourth International Symposium on Mine Mechanisation and Automation,* Brisbane, Australia, 1997.

[29]   Aker Wirth GmbH, „Presseinformation,“ [Online]. Available: www.wirth-erkelenz.de. [Zugriff am 24 04 2013].

[30]   H. M. und A. H., „A development in rock cutting technology,“ *International Journal of Rock Mechanics and Mining science,* 200.

[31]   X. S. Li, „Oscillating disc cutter - effect of rock properties,“ in *TELEMIN 1 and Fifth International Symposium on Mine Mechanisation and Automation,* Sudbury, Ontario Canada, 1999.

[32]   J. Schütt, Ein inelastisches 3D-Versagensmodell für Beton und seine Finite-Element-Implementierung, Karlsruhe: Bauingenieur-, Geo- und Umweltwissenschaften der Universität Fridericiana zu Karlsruhe (TH), 2005.

[33]   F. Huber, Nichtlineare dreidimensionale Modellierung von Beton- und

Stahlbetontragwerken, Stuttgart: Institut für Baustatik, Universität Stuttgart, 2006.

[34] A. Haufe, Dreidimensionale Simulation bewehrter Flächentragwerke aus Beton mit der Plastizitätstheorie, Stuttgart: Institut für Baustatik, Universität Stuttgart, 2001.

[35] G. Hofstetter und H. Mang, Computational mechanics of reinforced concrete structures, Braunschweig, Wiesbaden: Vieweg & Sohn, 1995.

[36] M. Jirasek und Z. Bazant, Inelastic analysis of structures, New York: John Wiley & Sons Inc., 2001.

[37] J. Betten, Kontinuumsmechanik, Elasto-, Plasto- und Kriechmechanik, Berlin, Heidelberg: Springer Verlag, 1993.

[38] P. Haupt, Continuum mechanics and theory of materials, Berlin, Heidelberg, New York: Springer Verlag, 2000.

[39] R. Malm, Predicting shear type crack initiation and growth in concrete with non-linear finite element method, Stockholm: Department of Civil and Architectural Engineering, 2009.

[40] S. N. Mokhatar und A. Redzuan, „Computational analysis of reinforced concrete slabs subjected to impact loads," *International Journal of Integrated Engineering, Vol. 4,* 2012.

[41] S. Saatci und F. J. Vecchio, „Nonlinear finite element modeling of reinforced concrete structures under impact loads," *ACI Structural*

Journal, Vol. 106, 2009.

[42] J. G. M. van Mier, Fracture processes of concrete: assessment of material parameters for fracture models, New York: CRC Press, 1996.

[43] I. Carol und Z. Bazant, „Damage and plasticity in microplane theory," *International Journal of Solids and Structures,* 1997.

[44] S. Eckardt, S. Häfner und C. Könke, „Simulation of the fracture behaviour of concret using continuum damage models at the mesoscale," in *European Congress on Computational Methods in Applied Sciences and Engineering,* 2004.

[45] A. Toumi und A. Bascoul, „Mode I crack propagation in concrete under fatigue: microscopic observations and modelling," *International Journal for Numerical and Analytical Methods in Geomechanics,* 2002.

[46] R. A. Vonk, Softening of concrete loaded in compression, Eindhoven, The Netherlands: University of Technology, 1992.

[47] H. Heilmann, H. Hilsdorf und K. Finsterwalder, Festigkeit und Verformung von Beton unter Zugbeanspruchungen, Berlin: Ernst & Sohn, 1969.

[48] H. Reinhardt, H. Cornelissen und D. Hordjik, „Tensil tests and fracture analysis of concrete," *ASCE Journal Structural Engineering,* 1986.

[49] H. Kupfer, H. Hilsdorf und H. Rüsch, „Behaviour of concrete under biaxial stresses," *Proceedings, American Concrete Institute,* 1969.

[50] K. Gerstle, H. Aschl und D. Linse, „Behaviour of concrete under multiaxial stress states," *Journal of the Engineering Mechanics Division ASCE,* 1980.

[51] H. Kupfer und K. Gerstle, „Behaviour of concrete under biaxial stresses," *Journal of the Engineering Mechanics Division ASCE,* 1973.

[52] M. D. Kotsovos und J. B. Newman, „Generalized Stress-Strain Relations for Concrete," *Journal of Engineering Mechanics, Vol. 104,* 1978.

[53] J. G. M. van Mier, H. W. Reinhardt und B. W. van der Vlugt, „Ergebnisse dreiachsiger verformungsgesteuerter Belastungsversuche an Beton," *Bauingenieur, Vol. 62,* 1987.

[54] L. L. Mills und R. M. Zimmermann, „Compressive strength of plain concrete under multiaxial loading conditions," *ACI Journal, Vol. 67,* 1970.

[55] H. Schuler, Experimentelle und numerische Untersuchungen zur Schädigung von stoßbeanspruchtem Beton, Freiburg: IRB Verlag, 2004.

[56] G. Meschke, Synthese aus konstitutivem Modellieren von Beton mittels dreiaxialer, elastoplastischer Werkstoffmodelle und Finite-Element-Analysen dickwandiger Stahlbetonkonstruktionen, Technische Universität Wien, 1991.

[57] H. Reinhardt, „Beton," in *Beton–Kalender 2002 Teil I*, Berlin, Ernst & Sohn, 2002.

[58] W. Chen und A. Saleeb, Constitutive equations for engineering materials. Band 1: Elasticity and modeling, New York: John Wiley & Sons, 1982.

[59] W. Chen, Plasticity in reinfored concrete, New York: McGraw–Hill, 1982.

[60] J. Lubliner, Plasticity theory, Englewood Cliffs: Prentice-Hall, 1998.

[61] J. Lemaitre und J. Charboche, Mechanics of solid materials, Cambridge: Cambridge University Press, 2000.

[62] Y. Zhou, Über das Festigkeitsverhalten verschiedener Werkstoffe - Unter besonderer Berücksichtigung des Verhaltens von Beton, Aachen: Shaker Verlag, 1995.

[63] J. Simo und T. Hughes, „Computational inelasticity,“ in *Interdisciplinary Applied Mathematics, Band 7*, New York, Springer-Verlag, 1998.

[64] Z. Bazant und C. Shieh, „Endochronic model for nonlinear triaxial behavior of concrete,“ *Nuclear Engineering and Design 47,* 1987.

[65] G. Gudehus, „A comprehensive constitutive equation for granular materials,“ *Soils and foundations, The Japanese Geotechnical Society 36,* 1996.

[66] J. Dougill, „On stable progressively fracturing solids,“ *Journal of Applied Mathematics and Physics 27(4),* 1976.

[67] J. Mazars, „Mechanical damage and fracture of concrete structures,“ in

Proceedings of ICF 5, Cannes, France, 1981.

[68] M. Crisfield und J. Wills, „Analysis of R/C panels using different concrete models," *Journal of Engineering Mechanics (ASCE), 115(3),* 1989.

[69] O. Dahlblom und N. Ottosen, „Smeared crack analysis using generalized frictious models," *Journal of Engineering Mechanics (ASCE), 116(1),* 1990.

[70] Z. Bazant und S. Kim, „Plastic-fracture theory for concrete," *Journal of the Engineering Mechanics Division ASCE, 105,* 1979.

[71] D. Ngo und A. Scordelis, „Finite element analysis of reinforced concrete beams," *Journal of American Concrete Institut 64(14),* 1967.

[72] T. Belytschko und T. Black, „Elastic crack growth in finite elements with minimal remeshing," *International Journal for Numerical Methods in Engineering, 45,* 1999.

[73] N. Moes, J. Dolbow und T. Belytschko, „A finite element method for crack growth without remeshing," *International Journal for Numerical Methods in Engineering, 46,* 1999.

[74] Z. Bazant, „Mechanics of distributed cracking," *Applied Mechanics Reviews ASME, 39(5),* 1986.

[75] J. Oliver, „A consistent characteristic length for smeard cracking models," *International Journal for Numerical Methods in Engineering, 28,* 1989.

[76]   S. Reinhardt, „Anwendbarkeit der angeregten Hinterschneidung zum
       dünnschichtigen Betonabtrag - ein Überblick," 2013. [Online]. Available:
       http://www.tmb.kit.edu/download/aHS_Ueberblick.pdf. [Zugriff am 29 11
       2013].

[77]   M. Weck und C. Brecher, Werkzeugmaschinen 2 - Konstruktion und
       Berechnung, Berlin, Heidelberg: Springer-Verlag, 2005.

[78]   M. Weck und C. Brecher, Werkzeugmaschinen 5 - Messtechnische
       Untersuchung und Beurteilung, dynamische Stabilität, Berlin, Heidelberg:
       Springer-Verlag, 2006.

[79]   ME-Meßsysteme GmbH, [Online]. Available: http://www.me-
       systeme.de/de/datasheets/k3d160.pdf. [Zugriff am 19 04 2013].

[80]   E. Abele, J. Bauer, M. Stelzer und O. Stryk, „Wechselwirkungen von
       Fräsprozess und Maschinenstruktur am Beispiel des Industrieroboters,"
       Werkstattstechnik online, Heft 9, 2008.

[81]   „Schwingungsgedämpfte Spannfutter verbessern die Stabilität von
       Fräsprozessen," *Fräsen + Bohren, Heft 2,* 2010.

[82]   N. Weckenmann, FEM-Simulation eines Beton-Abtragsprozesses,
       Karlsruhe: Karlsruher Institut für Technologio, Lehrstuhl für Mobile
       Arbeitsmaschinen, Bachelorarbeit, 2013.

[83]   R. Schlegel, „Nichtlineare Berechnung von Beton und
       Stahlbetonstrukturen nach DIN 1045-1 mit ANSYS," in *23rd CADFEM
       User's Meeting, International Congress on FEM Technology with ANSYS*

CFX & ICEM CFD Conference, Bonn, 2005.

[84] R. Abdullah und S. N. Mokhatar, „Computational analysis of reinforced concrete slabs subjected to impact loads," *International Journal of Integrated Engineering, Vol. 4,* 2012.

[85] R. Pölling, Eine praxisnahe, schädigungsorientierte Materialbeschreibung von Stahlbeton für Strukturanalysen, Bochum: Ruhr-Universität, 2000.

[86] W. Chen, Constitutive equations for engineering materials, Vol. 2, plasticity and modeling, Amsterdam, London, New York, Tokyo: Elsevier, 1994.

[87] W. Krätzig, D. Mancevski und R. Pölling, „Modellierungsprozess von Beton," in *Baustatik - Baupraxis*, Rotterdam, Balkema Verlag, 1999, pp. 295-304.

[88] R. Müller und S. Schmitt, „Simulation von pressgehärtetem Stahl mit *MAT_GURSON_JC," Adam Opel GmbH, Technische Universität Darmstadt.

[89] T. Jankowiak und T. Lodygowski, „Identification of parameters of concrete - damage plasticity constitutive model," Publishing House of Poznan University of Technology, Polen, 2005.

[90] A. Hillerborg und G. Matkeset, Softening of concrete in compression - Localisation and size effects, Vol. 25, USA: Elsevier Science Ltd., 1995.

[91] Dassault Systemes, ABAQUS 6.11-2, Analysis User's Manual, Vol. III,

Dassault Systemes, 2001.

[92] Liebherr-Hydraulikbagger GmbH, *Technische Beschreibung Hydraulikbagger A 310,* Kirchdorf/Iller, 1992.

[93] H. Wölfel, Vorlesungsskript Maschinendynamik TU-Darmstadt, Darmstadt, 2006.

[94] M. Weigold, Kompensation der Werkzeugabdrängung bei der spanenden Bearbeitung mit Industrierobotern, Darmstadt: Shaker Verlag, Aachen, 2008.

[95] H. J. Matthies und K. T. Renius, Einführung in die Ölhydraulik, Wiesbaden: Vieweg+Teubner Verlag, 2011.

[96] T. Strutz, Data fitting and uncertainty, Wiesbaden: Vieweg+Teubner, 2011.

[97] *DIN V ENV 13005: Leitfaden zur Angabe der Unsicherheit beim Messen,* Berlin: Deutsches Institut für Normung e. V., 1999.

[98] C. Stiller, Grundlagen der Mess- und Regelungstechnik, Aachen: Shaker Verlag, 2006.

[99] A. Albers, L. Deters, J. Feldhusen, E. Leidich, H. Linke, G. Poll, B. Sauer, B. Sauer, W. Steinhilper und J. Wallaschek, Konstruktionselemente des Maschinenbaus 1, Berlin, Heidelberg: Springer Verlag, 2008.

[100] S. Matthiesen, „Ein Beitrag zur Basisdefinition des Elementmodells "Wirkflächenpaare & Leitstützstrukturen" zum Zusammenhang von Funktion und Gestalt technischer Systeme," Institut für Maschinenkonstruktionslehre und Kraftfahrzeugbau Universität Karlsruhe (TH),, Karlsruhe, 2002.

[101] Festo AG & Co. KG, „Grundlagen der Vakuumtechnik," [Online]. Available: www.festo.com. [Zugriff am 09 08 2013].

[102] Parker Hannifin Corp., Vakuum - Komponenten, Katalog 9127 007 003 D-ul: Parker Pneumatic.

[103] K. Sattler, „Betrachtungen über die Verwendung hochzugfester Schrauben bei Stahlträgerverbundkonstruktionen," IVBH Vorbericht, 1960.

[104] F. Pilny, „Bestimmung der Scherfestigkeit von Stahl-Beton-Verbundkonstruktionen," Versuchsbericht Nr. 523, Berlin, 1970.

[105] H. Ertingshausen, „Untersuchung zur Frage der Reibung zwischen Beton- und Stahlflächen," Braunschweig, 1973.

[106] K. Roik und K.-E. Bürkner, „Reibwert zwischen Stahlgurten und aufgespannten Betonfertigteilen," *Bauingenieur,* pp. 37-41, 1978.

[107] *DIN EN 1994-1-1 (Eurocode 4): Bemessung und Konstruktion von Verbundtragwerken aus Stahl und Beton,* Dezember 2010.

[108] D. Hoffmann, Das Augmented-Lagrange-Verfahren bei

Reibkontaktproblemen unter transienter Beanspruchung, Karlsruhe, 2003.

[109] K. Kürschner, Trag- und Ermüdungsverhalten liegender Kopfbolzendübel im Verbundbau, Stuttgart: Institut für Konstruktion und Entwurf, 2003.

[110] K.-H. Zum Gahr, Reibung und Verschleiß: Ursachen-Arten-Mechanismen, Oberursel: Grewe, H.; Reibung und Verschleiß, DGM-Informationsgesellschaft-Verlag, 1992.

A   Schnittkraftmessungen

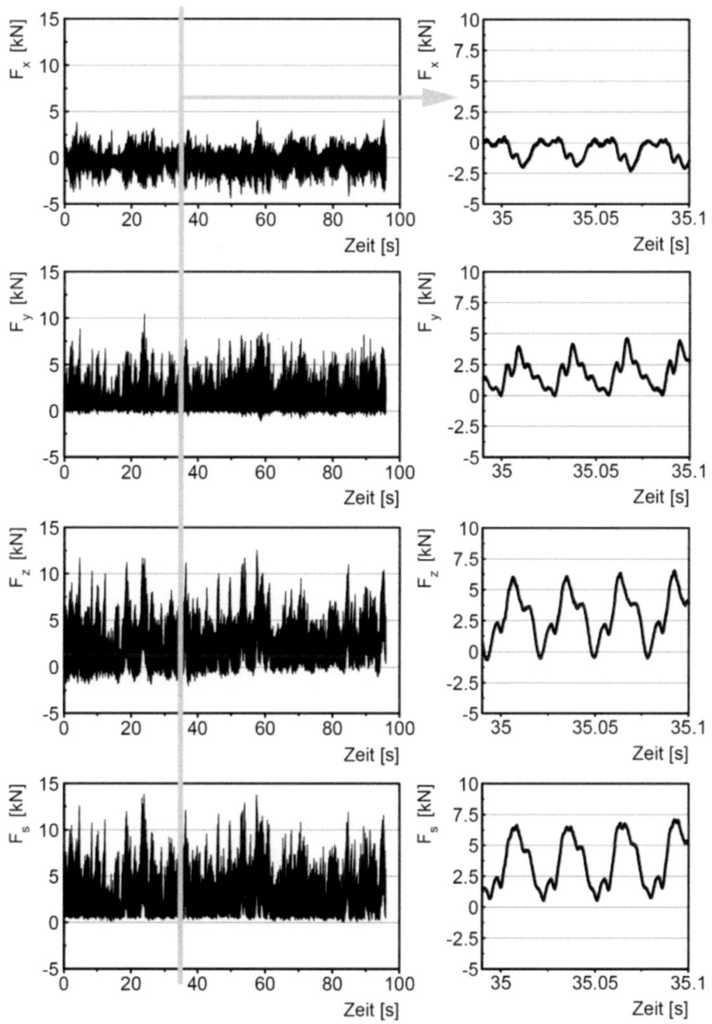

Abbildung 6.1: Kraft-Zeit-Verläufe beim Abtrag von Beton 2

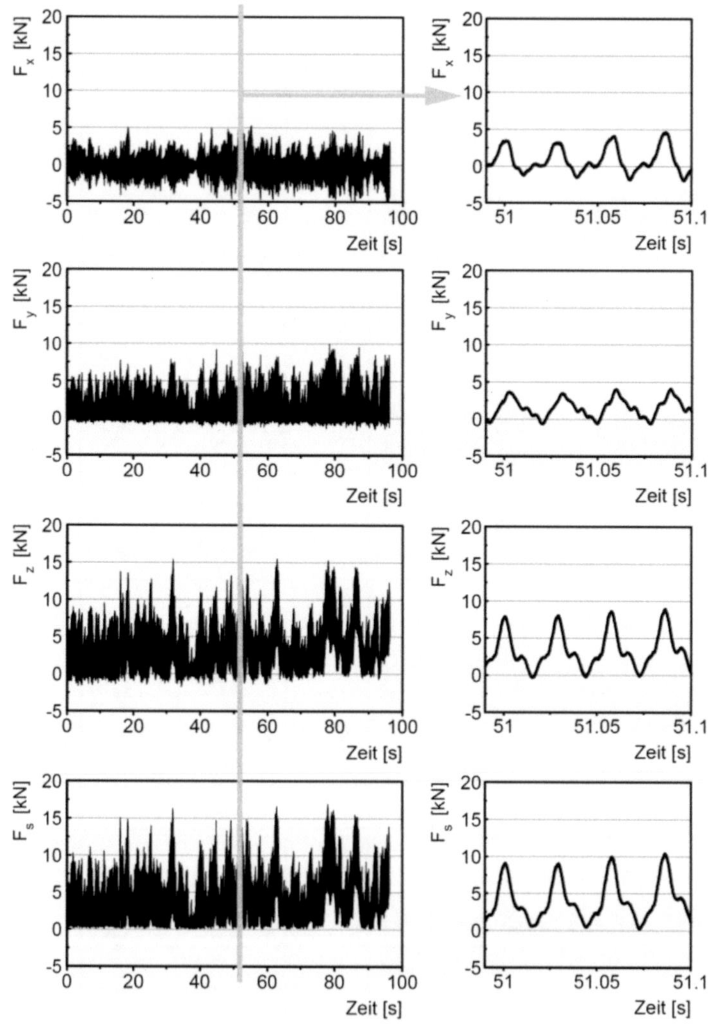

Abbildung 6.2: Kraft-Zeit-Verläufe beim Abtrag von Beton 3

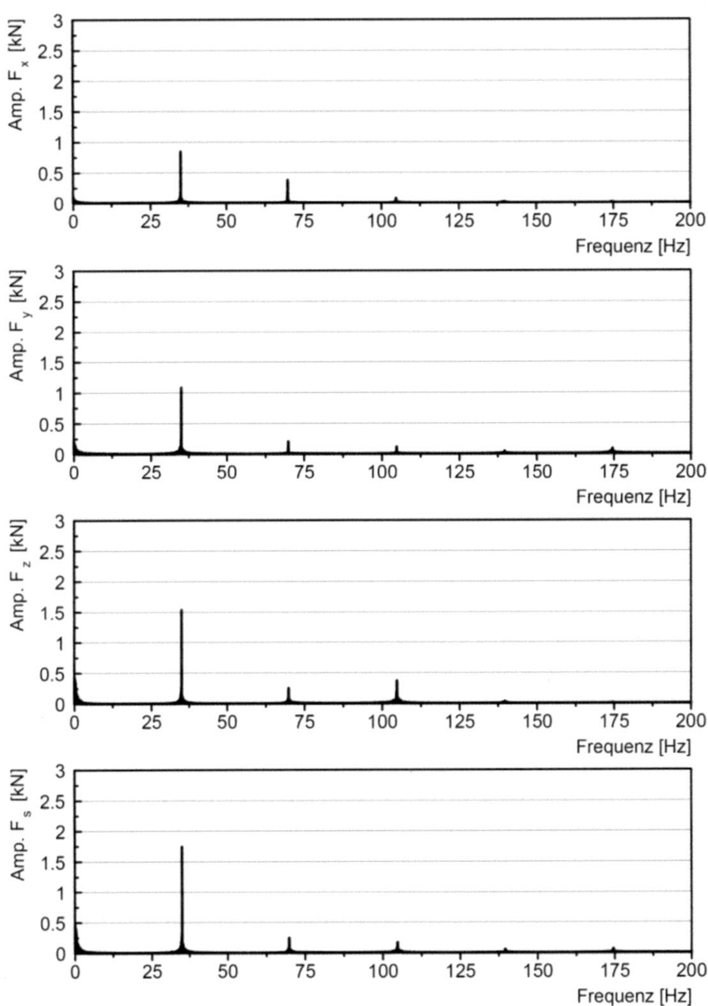

Abbildung 6.3: Frequenzspektren der Kraftverläufe (Beton 2)

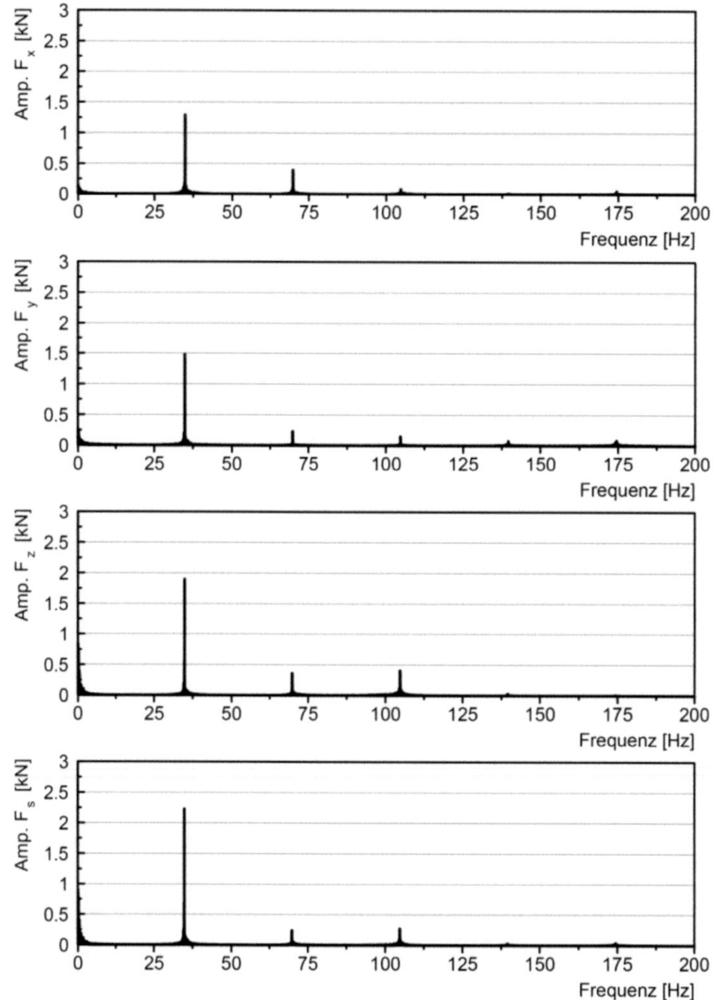

Abbildung 6.4: Frequenzspektren der Kraftverläufe (Beton 3)

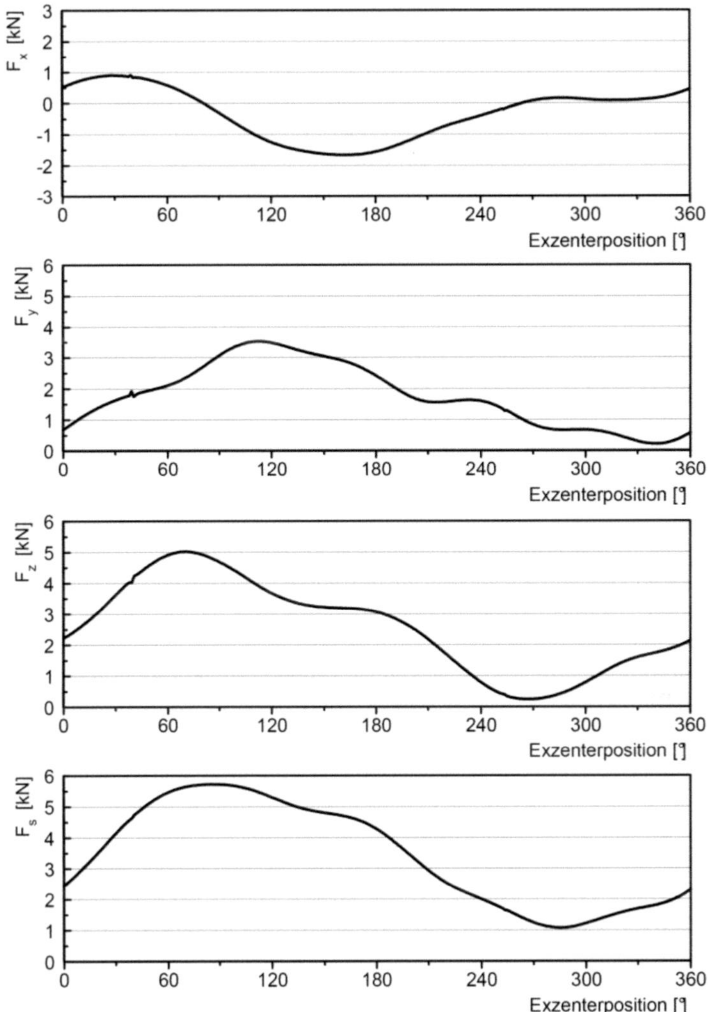

Abbildung 6.5: Gemittelter Kraftverlauf über eine Exzenterumdrehung (Beton 2)

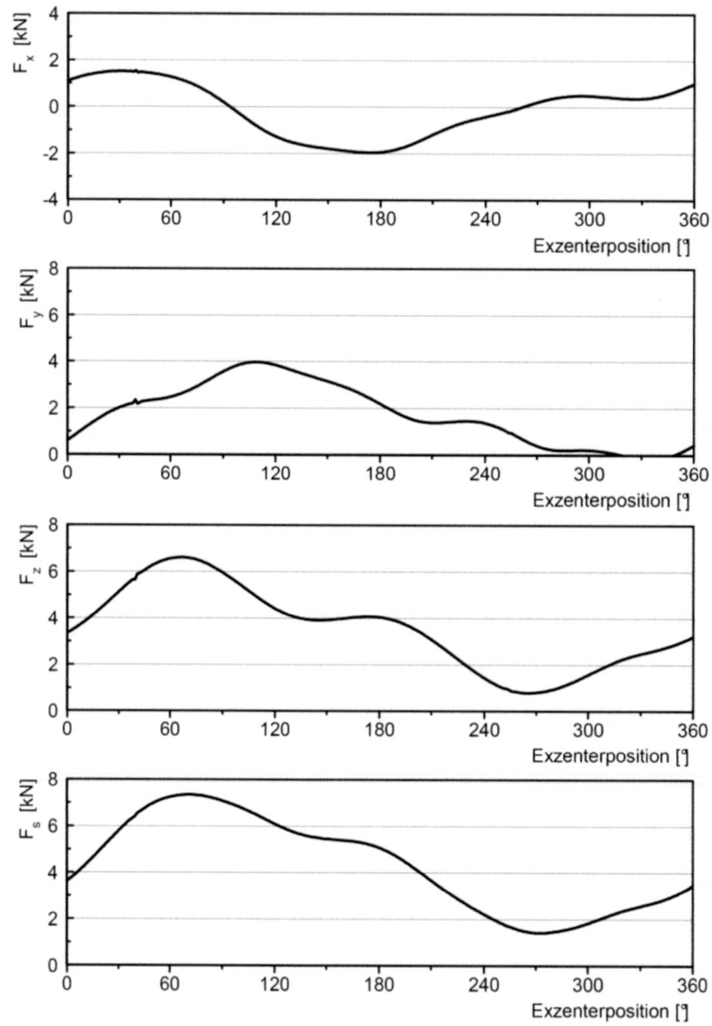

Abbildung 6.6: Gemittelter Kraftverlauf über eine Exzenterumdrehung (Beton 3)

B Nachgiebigkeitstabellen

	X-Position (mm)							
	1000	2000	3000	4000	5000	5200	5320	5500
200	3,6	2,8	4,6	3,9	3,1		3	
1000	3,7	3,7	3,7	3,4	4			2,7
2000	5	4,9	5,3	3,8	2,4			1,9
3000	5,9	8,1	4,9	3,6	2,7		2,7	
4000		6,7	6,6	5,6	4,8			

Abbildung 6.7: Gemessene direkte Nachgiebigkeiten an der Baggeranbauplatte bei verschiedenen Werkzeugpositionen (Last in X-Richtung)

	X-Position (mm)							
	1000	2000	3000	4000	5000	5200	5320	5500
200	3,9	3,8	4,7	3,8	3,7		2	
1000	3,7	2,6	4,9	4,5	3,4			3,8
2000	6,4	5,1	4,8	4,6	2,8			2,1
3000	6,6	8,2	5,4	3,3	2,8		2,5	
4000		7,8	5,1	4,2	2,8	2,7		

Abbildung 6.8: Gemessene direkte Nachgiebigkeiten an der Baggeranbauplatte bei verschiedenen Werkzeugpositionen (Last in -X-Richtung)

	X-Position (mm)							
Y-Position (mm)	1000	2000	3000	4000	5000	5200	5320	5500
200	9,8	12,2	18,1	25,6	30		35,4	
1000	8,8	12,3	16,5	24,6	31,3			32,3
2000	9,7	13,6	20,2	25,1	32,2			32,2
3000	11,5	15,3	21,2	27,5	35,1		34,5	
4000		21,4	25,2	29,5	31,6			

Abbildung 6.9: Gemessene direkte Nachgiebigkeiten an der Baggeranbauplatte bei verschiedenen Werkzeugpositionen (Last in Y-Richtung)

	X-Position (mm)							
Y-Position (mm)	1000	2000	3000	4000	5000	5200	5320	5500
200	10,2	11,9	18,7	23,5	28,4		29,4	
1000	8	11,2	17,6	25,6	36,8			32,3
2000	11,5	14,9	22,5	30,4	36,6			36,4
3000	12,5	15,4	23,9	27,6	33,4		38,3	
4000		21,3	26,1	31,7	35,4	35,9		

Abbildung 6.10: Gemessene direkte Nachgiebigkeiten an der Baggeranbauplatte bei verschiedenen Werkzeugpositionen (Last in -Y-Richtung)

Y-Position (mm)	X-Position (mm)							
	1000	2000	3000	4000	5000	5200	5320	5500
200	2,9	3,5	5,1	7,8	12,2		13,9	
1000	2,7	4	4,8	9,1	18			18,3
2000	2,5	4,2	7,6	11,9	15,4			18,2
3000	2,9	7,1	9,2	13,2	18,7		20,8	
4000		5,3	11,1	13,9	17,3			

Abbildung 6.11: Gemessene direkte Nachgiebigkeiten an der Baggeranbauplatte bei verschiedenen Werkzeugpositionen (Last in Z-Richtung)

Y-Position (mm)	X-Position (mm)							
	1000	2000	3000	4000	5000	5200	5320	5500
200	2,9	3,5	5,1	7,8	12,2		13,9	
1000	2,7	4	4,8	9,1	18			18,3
2000	2,5	4,2	7,6	11,9	15,4			18,2
3000	2,9	7,1	9,2	13,2	18,7		20,8	
4000		5,3	11,1	13,9	17,3			

Abbildung 6.12: Gemessene direkte Nachgiebigkeiten an der Baggeranbauplatte bei verschiedenen Werkzeugpositionen (Last in -Z-Richtung)

Karlsruher Schriftenreihe Fahrzeugsystemtechnik
(ISSN 1869-6058)

Herausgeber: FAST Institut für Fahrzeugsystemtechnik

**Die Bände sind unter www.ksp.kit.edu als PDF frei verfügbar
oder als Druckausgabe bestellbar.**

Band 1   Urs Wiesel
**Hybrides Lenksystem zur Kraftstoffeinsparung im schweren
Nutzfahrzeug.** 2010
ISBN 978-3-86644-456-0

Band 2   Andreas Huber
**Ermittlung von prozessabhängigen Lastkollektiven eines
hydrostatischen Fahrantriebsstrangs am Beispiel eines
Teleskopladers.** 2010
ISBN 978-3-86644-564-2

Band 3   Maurice Bliesener
**Optimierung der Betriebsführung mobiler Arbeitsmaschinen.
Ansatz für ein Gesamtmaschinenmanagement.** 2010
ISBN 978-3-86644-536-9

Band 4   Manuel Boog
**Steigerung der Verfügbarkeit mobiler Arbeitsmaschinen
durch Betriebslasterfassung und Fehleridentifikation an
hydrostatischen Verdrängereinheiten.** 2011
ISBN 978-3-86644-600-7

Band 5   Christian Kraft
**Gezielte Variation und Analyse des Fahrverhaltens von
Kraftfahrzeugen mittels elektrischer Linearaktuatoren
im Fahrwerksbereich.** 2011
ISBN 978-3-86644-607-6

Band 6   Lars Völker
**Untersuchung des Kommunikationsintervalls bei der
gekoppelten Simulation.** 2011
ISBN 978-3-86644-611-3

Band 7   3. Fachtagung
**Hybridantriebe für mobile Arbeitsmaschinen.
17. Februar 2011, Karlsruhe.** 2011
ISBN 978-3-86644-599-4

**Karlsruher Schriftenreihe Fahrzeugsystemtechnik
(ISSN 1869-6058)**

Herausgeber: FAST Institut für Fahrzeugsystemtechnik

Karlsruher Schriftenreihe Fahrzeugsystemtechnik
(ISSN 1869-6058)

Herausgeber: FAST Institut für Fahrzeugsystemtechnik

Karlsruher Schriftenreihe Fahrzeugsystemtechnik
(ISSN 1869-6058)

Herausgeber: FAST Institut für Fahrzeugsystemtechnik

Band 24   Roman Weidemann
**Analyse der mechanischen Randbedingungen zur Adaption
der oszillierenden Hinterschneidtechnik an einen Mobilbagger.** 2014
ISBN 978-3-7315-0193-0